JN256494

How to Make a Theorem

定理のつくりかた

竹山美宏
Yoshihiro Takeyama

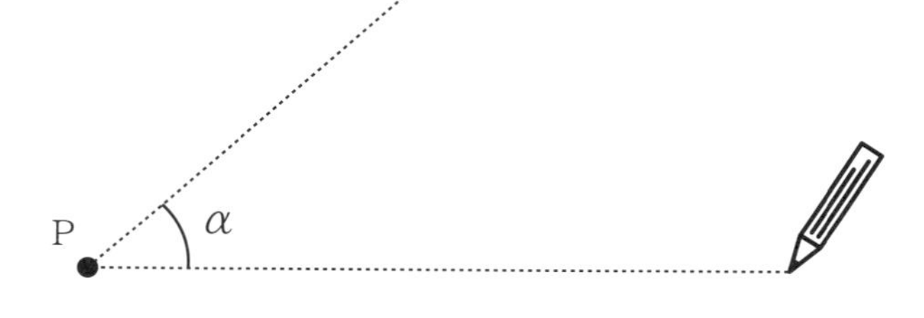

森北出版株式会社

まえがき

この本の目的は，中学校程度の数学の知識を前提として

数学者はどんなふうに問題を立てたり，解いたりするの？

という問いに対する私なりの答えをお話しして，読者のみなさんと数学の研究の疑似体験をすることです。一部で，高校で学ぶ内容を使いますが，必要な事項については本文で詳しく解説しますので，多くの方に読んでいただけると思います。

数学者が研究を進めるときの考えかたは，数学の何を研究するか（図形なのか関数なのかなど）によって異なります。また，数学者はそれぞれ独自の研究スタイルのようなものをもっています。ですから，数学の研究といっても具体的なありかたはさまざまです。その多様さに比べると，私が知っている範囲はどうしても限られてしまうので，数学者が使っている考えかたのすべてをこの本で説明することはできません。しかし，そのなかでも，数学者がとくに意識することなく使っている基本的な考えかたがあります。この本では，そのような考えかたに焦点を当てて説明します。

さて，そもそも数学の研究とはどのような営みなのでしょうか。上で述べたように，数学の研究のありかたは数学者によってさまざまですが，研究の進めかたには共通する側面があると思います。ここでは，それを次のように言ってみます。

自分の数学的な興味や関心を，
具体的な問題の形にして，

それに対するよい答えを見つけ，
その正しさを他者とわかちあう。

このなかには3つの段階が含まれています。まず，問題を立てる段階。次に，その問題を解く段階。そして，自分の答えを他者に示す段階です。3つ目の段階は，数学者が自分の研究成果を論文などの形にして公表することに対応しますので，この本では「答えを書く」段階とよぶことにします。以上の段階を経て，数学の新しい**定理**が生み出されます。定理とは，正しいと証明されたことがらのうちで，とくに重要なもののことです。ここで「重要」とは，多くの問題を解くのに利用できる，ものごとの本質を簡潔に記述している，意外な結論で興味深い，などの意味で，数学的な価値があるということです。読者のみなさんも「ピタゴラスの定理（三平方の定理）」という名前は聞き覚えがあるでしょう。学校で習うさまざまな公式も，定理の一種です。数学者の仕事は，このような定理を発見し証明することなのです。

この本の内容をもう少し詳しく紹介します。最初の第1部では，定理をつくるための基本的な考えかたを説明します。上で述べたように，研究は3つの段階「問題を立てる」「問題を解く」「答えを書く」からなります。これに対応して，第1章では問題の立てかた，第2章では問題を解くための考えかた，第3章では答えの書きかたについて述べます。自分が立てた問題の答えを書き下すことができれば，定理をつくる過程としては一段落つきますが，数学者はそこから新しい問題をつくってさらに研究を進めていきます。そこで，第4章では，解けた問題をもとにして新しい問題をつくる標準的な方法を紹介します。

第2部は，数学の問題を解くときに使われる独特の技法の解説です。ここでは，場合分け・数学的帰納法・対偶の利用・背理法の 4 つを取り上げます。このうち，場合分けと数学的帰納法は第 3 部でも使いますので，詳しく解説します。

最後の第 3 部では，ある有名な定理を題材として，その発見から証明までの過程を，読者のみなさんと追体験したいと思います。

題材とするのは，オーストリアの数学者ゲオルグ・アレクサンデル・ピック (Georg Alexander Pick) が 1899 年に発表した定理です。この定理は，結論の意外さと簡潔さがとても印象的であるため，その価値が多くの数学者に認められており，現在では発見者ピックの名前をつけて「ピックの定理」とよばれています。ピックの定理の内容を理解するには，小学校で習う算数の知識があれば十分です。また，その証明も，中学校程度の数学の知識と，第 2 部で説明する数学的帰納法を使えばできますので，それほどおそれることはありません。

第 3 部は，ピックの定理の内容とその証明から，数学の研究の現場で用いられる考えかたを取り出して，定理の発見から証明に至る過程として配置した物語です。ただし物語と言っても，架空の登場人物が数学を語りあう小説のようなものではありません。本来なら，ピックの定理の発見から証明までの過程を語ることができるのは，ピック本人だけでしょう。しかし，それを私たちが聞き取り，学ぶことはできません。ピックは，1942 年にナチス・ドイツによってテレージエンシュタットのゲットー（ユダヤ人強制居住区域）に送られ，その後すぐに亡くなったからです。ですから，第 3 部の内容はピックの定理の発見に関する歴史的な事実ではありません。その意味で物語なのです。この物語を通して，数学の研究の進めかたの一例を示すのが，第 3 部の目的です。

巻末には付録として，数学における文字の使いかたの解説を置きました。必要に応じて参照してください。

以上の内容に加えて，この本では，数学とはどのような営みであるのか，どういうことに価値を置くのか，それを守るために何を心掛けなければならないかについても，私なりにお話しします。そして，数学が，大学入試のように人間を選別するためのものではなく，本来は人々がともに生きていくことのなかから立ち上がる喜びに根差した営みであることを，改めて確認したいと思います。

この本にはたくさんの問題が登場しますが，これらは「例題」と「問題例」の 2 つに分類されています。「例題」は，本書のなかで答えを述べている問題です。「問題例」は，問題の立てかたを説明するために例示する問題で，そのなかには私も答えを知らないものがあります。

例題はなるべく易しいものにしました。数学オリンピックで出題されるような難問を解くのが好きな方には，やや物足りないかもしれません。しかし，この本で説明するのは，どんな問題を解くときにも通用することばかりです。ですから，易しい問題であっても軽く扱わずに，そこから重要な考えかたをつかみ取ってください。

この本は，2012 年 8 月に筑波大学で高校生を対象に行った公開講座の内容をもとにしています。この公開講座の内容を膨らませて一冊の本にすることを企画された福島崇史さんをはじめ，森北出版のみなさんには完成までにたくさんの御助言・御助力をいただきました。深く感謝致します。

2017 年 12 月

竹山 美宏

目次

第1部

定理をつくるための考えかた

1　問題の立てかた

まえがきで，数学の研究とは「自分の数学的な興味や関心を，具体的な問題の形にして，それに対するよい答えを見つけ，その正しさを他者とわかちあう」ことであると言いました。ここで述べたように，数学の研究は，問題を立てることから始まります。そこで，最初のこの章では問題の立てかたについて考えます。

1.1　問題をはっきりさせる

問題を生み出す源は，自分のなかにある問題意識です。しかし，この問題意識は，はじめはぼんやりとしていて，そのままの状態で何か考えてみても，まとまりのない思いつきが次々と生まれてくるだけで具体的な成果につながりません。

たとえば，漠然と「三角形の面積について考えよう」と言われても，何を考えたらよいのかわからないでしょう。「面積だから『底辺 × 高さ ÷ 2』じゃないか」と答える人もいるかもしれませんが，その答えは，もとの問題そのものではなく，「三角形の面積を計算するにはどうすればよいか？」という問題に対する答えです。ここでは，もとの問題「面積について考えよう」を，「面積を計算するにはどうすればよいか？」という問題に変えて，面積の計算法を考えることに決めたので，「底辺 × 高さ ÷ 2」という答えを出せているのです。このように，問題を立てるときには，問題をはっきりさせて，何が答えなのかを決めなければなりません。

では，はっきりした問題とはどのようなものでしょうか。それをここでは次のように言ってみます。

はっきりした問題とは，ほかの人が内容を正しく理解できるように文章として書き下された問題のことである。

自分が研究する問題を立てるのに，なぜほかの人のことを考えなければならないのか。そう思われるかもしれません。しかし，まえがきでも述べたように，数学の研究のゴールは，自分の問題に対する答えの正しさを，他者とわかちあうことです。そのためには，前提として，自分の問題がきちんと他者に伝わらなければなりません。ですから，問題をほかの人が理解できる形にすることは避けられないのです。

また，自分の問題を文章として書き下すことには，次のような利点もあります。自分の問題を文章として紙などに書き出してみると，それが自分の問題意識をきちんと表現しているかどうか，客観的に検討できます。そして，この検討を通して，自分が何を問題としているのかを，さらにはっきりさせられるのです。問題は一度つくったら終わりなのではなくて，何度も検討して鍛え上げていくものなのです。

では，自分の問題をほかの人が理解できるように文章として書き下すためには，具体的にはどうすればよいのでしょうか。それを考えるために，問題の正しい「読みかた」を確認したいと思います。正しい読みかたで読めるように問題を書き下せれば，ほかの人にもきちんと伝わるはずだからです。

1.2　問題の読みかた

ここでは次の問題を例にして，問題の読みかたのポイントを３つ挙げます。

> **問題例 1.1**　素数 p, q（ただし $p \leq q$）を用いて $2^p + p^q + q^2 + 2$ と表される素数をすべて求めよ。

■ 言葉を理解する

数学の問題の内容を理解するためには，まず，問題文に含まれる数学用語の定義（意味）を知っていなければなりません。

問題例 1.1 には，「素数」という数学用語が 2 箇所で使われています。そこでこの言葉の定義を確認しましょう。素数の定義を数学辞典で調べてみると，「1 より大きい整数で，1 とそれ自身とのほかに正の約数をもたないものを**素数**」というと説明されています[1)]。この説明文のなかにも，「整数」「より大きい」「正の約数」という数学用語が含まれていることに注意してください。これらの用語の定義を知っていなければ，素数の定義の内容をきちんと理解することはできません。そこで，「整数」「より大きい」「正の約数」という言葉の定義も確認します。

まず，「整数」の定義です。私たちが普段，ものの個数を数えるときに使う数 $1, 2, 3, \ldots$ を自然数と言います。そして，自然数に，ゼロ 0 とマイナスの符号を付けた $-1, -2, -3, \ldots$ を合わせた数を整数と言います[2)]。つまり整数とは，$\ldots, -3, -2, -1, 0, 1, 2, 3, \ldots$ という数のことです[3)]。

次に，「より大きい」という言葉の定義です。数学で「1 より大きい」というときには，1 そのものは含みません。よって，「1 より大

---

1) 巻末の参考文献 [1] からの引用です。以下，四角カッコのなかの数字は，巻末の参考文献の番号を表します。

2) 0 を自然数に含めることもあります。

3) 以上の説明は厳密ではありません。現代数学における自然数・整数のきちんとした定義については，たとえば巻末の参考文献 [2] を参照してください。

きい整数」と言えば，$2, 3, 4, \ldots$ という数のことです。なお，1 も含めたいときには「1 以上」と言います。

最後に，「正の約数」です。「正の」は「0 より大きい」という意味です。「約数」は，その数を割り切る整数のことです。たとえば，12 は 3 で割り切れますが，5 では割り切れません。よって，3 は 12 の約数ですが，5 は約数ではありません。

以上で，「1 より大きい整数で，1 とそれ自身とのほかに正の約数をもたない」という文が読み解けたので，素数という言葉の定義がわかりました。

ちなみに，**数学用語の定義を学ぶときには，具体例を考えると理解が深まります。**そこで，素数の例を考えてみましょう。素数の定義の条件のなかに「1 より大きい整数で」とあるので，まず，1 は素数ではありません。次に，2 の正の約数は 1 と 2 で，ほかに正の約数はありませんから，2 は素数です。同様に考えると，3 も素数であることがわかります。しかし，4 は 1 と 4 自身のほかに 2 を約数としてもちますから，4 は素数ではありません。以下，同じように考えて，素数を小さい順に列挙すると $2, 3, 5, 7, 11, 13, 17, 19, 23, 29, 31, 37, \ldots$ となります。

以上のように，数学用語の定義をきちんと理解することは，問題を正しく読むための第一歩です。

■ 式の意味を理解する

次に，問題に含まれている式が意味する内容を理解します。このとき，次の 2 つのことを押さえる必要があります。

文字が表しているもの　文字式を扱うときには，その文字が何を表しているのかを押さえておかなければなりません[4]。たとえば，問題例 1.1 では p と q という文字が使われています。これらの文字は，問題文の冒頭に「素数 p, q を用いて」とあるので，素数を表しています。

重要なのは，**文字が何を表しているのかは，式のなかには書かれていない**ということです。問題例 1.1 であれば，$p \leq q$ や $2^p + p^q + q^2 + 2$ という式そのもののなかには，「p, q は素数である」とは書かれておらず，式の前の文章に書かれています。文字が何を表しているのかは，式の前後の文章から読み取らなければなりません。

記号および表記法の意味　数学には独自の記号があります。中学校で学習するものとしては，$\sqrt{2}$ のようなルートの記号や，垂直であることを表す "$\perp$" という記号などがあります。文章や式のなかでこれらの記号が使われているときは，数学用語の定義と同じように，その意味を押さえておかなければなりません。

問題例 1.1 においては，$p \leq q$ のなかの "$\leq$" と $2^p + p^q + q^2 + 2$ のなかの "$+$" が数学記号です。記号 "$\leq$" は右にあるものが左にあるもの以上であることを表します。よって，$p \leq q$ とは「q は p 以上である」という意味です。記号 "$+$" は和を表す記号で，こちらはお馴染みのものでしょう。

このような記号のほかに，数学には式を簡略化するための表記法（書きかたの規則）があります。問題例 1.1 では，$2^p, p^q, q^2$ という表記法が使われています。これらはベキ乗の表記法です。**ベキ乗**とは，同じ数をいくつか掛けた値のことです。たとえば，2^3 は 2 を 3 個掛けた値 $2 \times 2 \times 2$ を表します。よって $2^3 = 8$ です。同様に，

---

[4] この点について，詳しくは付録を参照してください。

3^5 は 3 を 5 個掛けた値なので，$3 \times 3 \times 3 \times 3 \times 3 = 243$ となります[5)]。ベキ乗のほかにも，数学にはさまざまな表記法があります。問題文に含まれるこのような表記法の意味も押さえておく必要があります。

■ 主要部分をとらえる

数学用語の定義を確認して，式の意味が理解できたら，問題の**主要部分**をとらえます。この「主要部分」という言葉は，数学の問題解決について論じたポリア (Polya) の本『数学の問題の発見的解き方』[3] で使われた用語です。以下ではこの本の内容をもとにして，問題の主要部分とは何であるのかを説明します。

ポリアは数学の問題を大きく 2 種類に分けています。次の例を見てください。

> **問題例 1.2**　4 つの辺と 1 つの対角線の長さが a である四角形の面積を求めよ。

> **問題例 1.3**　n が正の整数のとき，$n(n+1)(n+2)$ は 6 の倍数であることを示せ。

問題例 1.2 の目的は，四角形の面積を求めることです。このように，何らかの対象を求める（計算する，作図する）ことを目的とする問題を**決定問題**とよびます。一方で，問題例 1.3 は，「$n(n+1)(n+2)$ は 6 の倍数である」ということを証明する問題です。このように，数学的な主張を証明することを目的とする問題を**証明問題**とよびます。

決定問題と証明問題のそれぞれについて，ポリアは問題の主要部

---

5) 右肩の数が 1 のときは，その数そのものを表します。また，右肩の数が 0 のときは，いつでも 1 であるとします。たとえば，$3^1 = 3, 5^1 = 5$ で，$3^0 = 1, 5^0 = 1$ です。

分とよぶべき要素を挙げています。

決定問題の主要部分　決定問題の主要部分は，**データ**と**条件**と**未知のもの**です[6)]。まず「未知のもの」とは，その決定問題で求めるべきものです。問題例 1.2 であれば「四角形の面積」が未知のものです。次に「条件」とは，その未知のものに関する条件です。問題例 1.2 では「4 つの辺と 1 つの対角線の長さが a である」ことが，面積を計算すべき四角形に関する条件です。最後に「データ」とは，未知のものと条件によって結びついているもののことです。問題例 1.2 においては指定された長さ a がデータです（表 1.1）。

表 1.1　決定問題の主要部分（問題例 1.2 の場合）

データ	長さ a
条件	4 つの辺と 1 つの対角線の長さが a である
未知のもの	四角形の面積

決定問題の多くは「問題のなかで指定されたデータを使って未知のものを求めよ」という形式をしていますが，データが指定されない決定問題もあります。たとえば，ポリアは「円の面積と外接正方形の面積との比を求めよ」という問題を挙げています。ただし，問題のなかでデータが指定されていないからといって，その問題がデータを使わずに解けることを意味するのではありません。実際，ポリアが挙げた上の問題を解くときには，円の半径をデータとして計算することになります。データがあからさまには指定されていない問題では，自分でうまくデータを決めることが，答えを得るための重要なポイントとなります。

6) 「未知のもの」は英語の unknown の訳です。訳書 [3] では「未知数」と訳されていますが，求めるべきものは数とは限らないので，本書では「未知のもの」とよびます。

証明問題の主要部分　証明問題の主要部分は**仮定**と**結論**です[7)]。証明問題の多くは,「○○○であるとき×××であることを証明せよ」「○○○ならば×××であることを示せ」という形をしています。この○○○の部分が仮定で，×××の部分が結論です。たとえば，問題 1.3 では,「n は正の整数である」が仮定で，結論は「$n(n+1)(n+2)$ は 6 の倍数である」です（表 1.2)。証明問題の目的は，問題の仮定から結論を導き出す論理的な過程を書き下すことです。

表 1.2　証明問題の主要部分（問題例 1.3 の場合）

仮定	n は正の整数である
結論	$n(n+1)(n+2)$ は 6 の倍数である

問題の主要部分をとらえるときには，まず決定問題・証明問題のいずれであるかを判断して，それに応じて上で挙げた要素を取り出します。例として，この節の冒頭に挙げた問題例 1.1 の主要部分を取り出してみましょう。この問題は決定問題です。未知のものは素数で，それに関する条件は「素数 p, q（ただし $p \leq q$）を用いて $2^p + p^q + q^2 + 2$ と表される」ことです。この p と q は，問題のなかで指定された値ではないので，データではないと考えられます[8)]。

以上のように，問題を読むときには，その主要部分を押さえます。ただし，**問題を解く過程においては，内容をうまく解釈し直して主要部分を取り換えなければならないこともあります**。たとえば問題例 1.1 を解くときには，問題の内容を「素数 p, q（ただし $p \leq q$）であって，$2^p + p^q + q^2 + 2$ が素数となるものをすべて求めよ」と言い換えて，未知のものを「素数 p と q」とし，条件を「$p \leq q$ であっ

---

7) 訳書 [3] では,「仮定」(hypothesis) を「仮設」と訳しています。
8) この点については，人によって見かたが違うかもしれません。

て $2^p + p^q + q^2 + 2$ は素数である」に設定し直すことになります[9]。

1.3 問題を書き下す

ここで，問題の立てかたに話を戻します。問題を立てるときの目標は，ほかの人が内容を正しく理解できるように文章として書き下すことです。そのためには，問題を読むときの 3 つのポイント「言葉を理解する」「式の意味を理解する」「主要部分をとらえる」に対応して，次のことに注意すればよいでしょう。

問題を書き下すときのポイント

(1) 数学用語を正確に使った文章で書く。

(2) 数学記号と表記法を正しく用いた数式を使う。

(3) 問題の主要部分を明確に表現する。

このうち，(1) と (2) は数学の文章の書きかたに関するもので，きちんと書かれた数学書を手本に練習すると身につけられることです。一方で，(3) は問題の内容に関するもので，問題を立てるたびに検討しなければなりません。次の例を見てください。

問題例 1.4　三角形の 2 つの辺の長さ a, b と，1 つの角の大きさ α がわかっているとき，この三角形の面積はどのように表されるか。

この問題は決定問題ですが，問題の主要部分が明確ではありません。何がはっきりしていないのか，少し考えてみてください。

---

9) この言い換えた問題の答えとなる素数 p, q をすべて見つければ，それらから定まる $2^p + p^q + q^2 + 2$ の値がもとの問題の答えです。

この問題のデータは a, b, α の 3 つで，未知のものは三角形の面積です。しかし，これらの間の条件がはっきりしていません。a, b, α の位置関係には，図 1.1 のように 3 通りの可能性があります。このうち，(3) の場合は，辺の長さを表す文字 a と b を入れ換えると，(2) の場合と同じ位置関係になりますので，本質的には (1) と (2) の 2 通りの可能性があります。しかし，もとの問題例 1.4 では，どちらの場合であるのかが指定されていないのです。

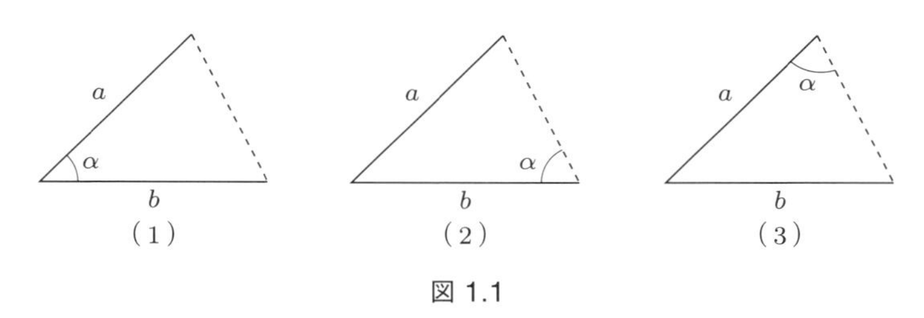

図 1.1

a, b, α の位置関係は，図 1.2 のように，三角形の頂点に名前を付けると明確に述べられます。それぞれの場合についてもとの問題を書き直すと，次のようになります。

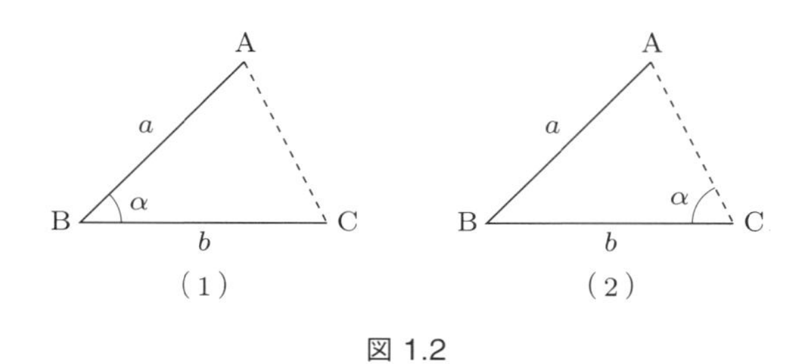

図 1.2

> **問題例 1.5**　三角形 ABC について，辺 AB の長さを a，辺 BC の長さを b とし，角 ABC の大きさを α とする。このとき，三角形 ABC の面積を a, b, α を使って表せ。

問題例 1.6 三角形 ABC について，辺 AB の長さを a，辺 BC の長さを b とし，角 BCA の大きさを α とする。このとき，三角形 ABC の面積を a, b, α を使って表せ。

これで主要部分がはっきりしました。以上のように，問題を書き下すときには，その主要部分が明確に表現されているかどうか，しっかりと検討する必要があります。

1.4 問題を立てるときの難しさ

実際に問題を立てる過程では，さまざまな困難が生じます。とくに以下で述べる 2 つの困難は，問題を立てるときにつきものです。

■ 最初から主要部分がはっきりしているとは限らない

前節で，問題の主要部分を明確に表現することが重要だと述べました。しかし，問題の主要部分は最初からはっきりしているとは限りません。問題設定があいまいな状態のまま考えを進めて，主要部分を決めなければならないのが普通です。

たとえば，未知のものがはっきりしている決定問題であっても，データとして取るべきものとそれに関する条件はわからないことがあります。この本の第 3 部では，ピックの定理を題材として，そのような場合に考えを進めていく過程を描写します。

また，証明問題でも主要部分がはっきりしないことがあります。たとえば，自分が設定した仮定から望ましい結論が導かれないときには，仮定にどのような条件を加えればよいのか，もしくは，そのままの仮定でどこまで結論づけられるかについて検討して，問題を立て直すことになります。数学の定理は，なるべく広い範囲の状況で成り立って，しかも重要な結論を与えるものがよいとされます。

ですから，仮定は少なく，しかもよい結論が導かれるように，自分の問題設定を工夫するのです。

■ 問題として成立していないかもしれない

自分でつくった問題は，問題として成立しているとは限りません。たとえば，三角形の面積の計算法について次の問題を立ててみます。

> **問題例 1.7**　三角形の面積を 3 つの角の大きさ α, β, γ を使って表せ。

この問題には答えがありません。図 1.3 を見てください。ここに描かれた 3 つの三角形は，いずれも 3 つの角の大きさが $45°, 45°, 90°$ ですが，面積は異なります。このことは，三角形の 3 つの角の大きさを指定しても，面積は決まらないことを意味します。よって，上の問題に答えはないのです。

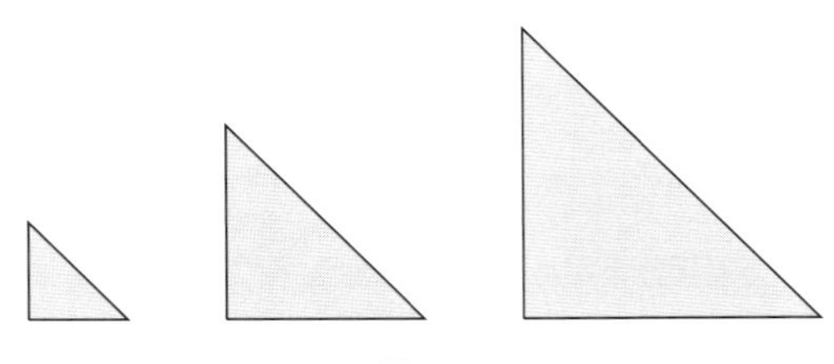

図 1.3

例をもう 1 つ挙げましょう。

> **問題例 1.8**　三角形 ABC について，辺 AB の長さは 1 で，辺 BC の長さは 2 である。そして，角 BCA の大きさは $45°$ である。このとき，三角形 ABC の面積を求めよ。

これは問題例 1.6 において，$a = 1, b = 2, \alpha = 45°$ としたもので

す。きちんとした問題のように見えますが，実は問題として成立していません。なぜでしょうか。

その理由は，問題の条件を満たす三角形が存在しないからです。図 1.4 を見てください。長さが 2 の線分 BC を取り，線分 BC と 45° の角度をなす半直線 ℓ を C から引きます[10]。問題例 1.8 の条件を満たす三角形があるとしたら，頂点 A はこの半直線 ℓ の上にあって，しかも点 B との距離が 1 であるはずです。しかし，点 B を中心とする半径 1 の円は，図 1.4 のように半直線 ℓ とは交わりません。よって，そのような点 A は存在しないので，問題例 1.8 の条件を満たす三角形はありません。

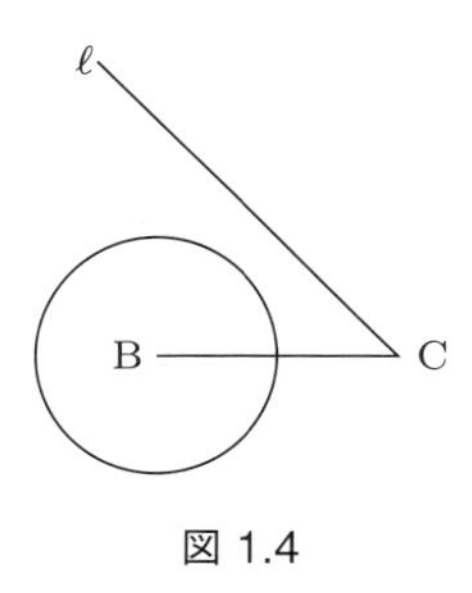

図 1.4

以上のような困難が，問題を立てる過程では生じます。しかし，それをおそれて問題をはっきりさせないでいると，内容のあることを考え始めることができません。完璧ではなくてもいいからとりあえず問題を立ててみて，何度も検討を加えつつ問題をはっきりさせていくのがよいと思います。

10) 「半直線」とは，1 つの点から片側にまっすぐ伸びた線のことです。両側に伸びた線は「直線」と言います。

2　問題を解くための考えかた

前章では，問題の立てかたについて述べました。問題が立てられれば，次はそれを解くことになります。「こうすればどんな数学の問題でも必ず解ける」という処方箋があればよいのですが，それはまだ誰も見つけていないはずです。しかし，問題を解くための基本的な考えかたなら，いくつかあります。この章の前半では，そのような基本的な考えかたを紹介し，後半では問題を解くときの議論の進めかたについて説明します。

2.1　過去の経験を生かす

まず第一に，**問題を解くためには，具体的に行動しなければなりません。**数学の問題を考えるというと，将棋や囲碁の棋士のように，じっと腕を組んで考える姿を想像するかもしれません。しかし，問題を解くためには，頭のなかで考えるだけではなく，紙の上に計算したり，図を描いたり，コンピュータプログラムを使って実験したり，思いつくことはすべて行動に移すことが必要です。

しかし，具体的に行動するといっても，闇雲にいろいろとやっているだけでは答えにつながりません。考えを進める方向をある程度は決めなければならないでしょう。そのためにまず参考となるのは，自分の過去の経験です。よく似た問題を以前に解いたことがあるときや，教科書などで学習した公式・定理の知識が使えそうなときには，考える方針を立てやすいはずです。前章にも登場したポリアによる有名な本『いかにして問題をとくか』[4] でも，「すでに解かれた似よりの問題がある。それを利用することができるか」と自分に問いかけることを基本的な戦略として挙げています。ただし，過去の経験を生かすときには，以下のことに注意しなければなりません。

よく似た問題を解いたことがあるとき　数学では，「こうすれば解けた」という過去の成功体験が，かえって問題を解く妨げになることがあります。前と同じ方法で新しい問題を解こうとして行き詰まってしまうときには，新しい問題が前に解いた問題とは本質的に違う要素を含んでいます。注意しなければならないのは，そうであるにもかかわらず，前と同じ解法にこだわり続けて，答えをでっち上げてしまったり，問題をねじまげて解釈したりすることです。自分の経験が通用しないのなら，過去の成功にしがみつかず，もう一度はじめから考え直さなければなりません。

学習した公式や定理を使うとき　教科書などで学んだ公式や定理を使うときには，自分が考えている問題の条件や仮定のもとで，それらの公式や定理が使えるかどうかを，きちんと確認しなければなりません。たとえば，ピタゴラスの定理（三平方の定理）を使うときには，考えている図形が直角三角形であることを確認する必要があります。たいていの定理や公式は，いつでも使えるのではなく，ある特定の条件のもとでのみ使えることに注意してください。

以上のことに注意すれば，過去の自分の経験は有効にはたらくでしょう。しかし，それでも行き詰まってしまうことはあります。また，いままでに見たことのないタイプの問題に取り組むときは，過去の経験はすぐには生かせません。

このような場合はどうすればよいでしょうか。次節では，私たちが日常生活で使っている考えかたをヒントにして，アイデアを得るための 5 つの方法を挙げます。

2.2　アイデアを得るための方法

■ 問題の設定からわかることをとらえる

私たちは日常会話において，意外なほど多くのことを推測しているものです。たとえば，あなたの友人が「昨日，机の上のコップを倒してしまって，本がダメになっちゃったよ」と言ったとします。これを聞いて私たちは，コップに入っていた液体が本にこぼれて濡れてしまったのだろう，と推測するでしょう。「コップの中に液体が入っていた」とか「本は濡れてしまった」などと相手は言っていないのにもかかわらず，これらのことを推測しているのです。

数学の問題を解くときも，与えられた情報から何がわかるのか（推測できるのか）を，意識してとらえることが重要です。ここで，与えられた情報とは，決定問題であれば未知のものに関する条件であり，証明問題であれば仮定です。これらから導かれることをとらえると，答えに至るアイデアを得られる場合があります。

次の問題を考えましょう。

> **例題 2.1**　素数 p であって，$p+1$ が奇数であるものをすべて求めよ。

この問題は決定問題で，未知のものは p です。p についての条件は「p は素数である」「$p+1$ は奇数である」の 2 つです。第一の条件「p は素数である」と，4 ページ（1.2 節）で述べた素数の定義から

- p は 1 より大きい整数である

- p は 1 と p 以外の正の約数をもたない

ということがわかります。また，第二の条件「$p+1$ は奇数である」は，1 を足すと奇数になる数は偶数なのですから

- p は偶数である

と言い換えられます。よって，未知のもの p は，1 より大きい整数で，1 と p 以外の正の約数をもたず，しかも偶数です。偶数は 2 の倍数ですから，p は 1 と 2 を約数としてもたなければなりません。一方で，p は 1 と p しか正の約数をもたないのでした。したがって，そのような p は 2 しかありません。以上より，例題 2.1 の答えは 2 のみです。

問題の設定からわかることをとらえるときのポイントは 2 つあります。第一に，数学用語の定義を復習するなどして，与えられた条件や仮定の具体的な内容を把握すること。第二に，与えられた情報に関連する定理や公式を探すことです。

■ ゴールから逆にたどる

誰かと決まった時間に待合せをするとき，「10 時に東京駅に着くためには，9 時発の快速電車に乗ればよくて，そのためには家を 8 時 30 分に出ればいい」というように，時間を逆算して予定を決めるでしょう。

数学の問題を解くときも，問題のゴール（決定問題では未知のもの，証明問題では結論）から逆にたどって，「問題のゴールにたどりつくためには何がわかればよいか」と考えると有効です。次の例を見てください。

例題 2.2　図 2.1 のように，長方形 ABCD の辺 AD 上に点 P を取り，線分 BD と線分 CP の交点を Q とする。このとき，三角形 BQP の面積と三角形 CQD の面積は等しいことを示せ。

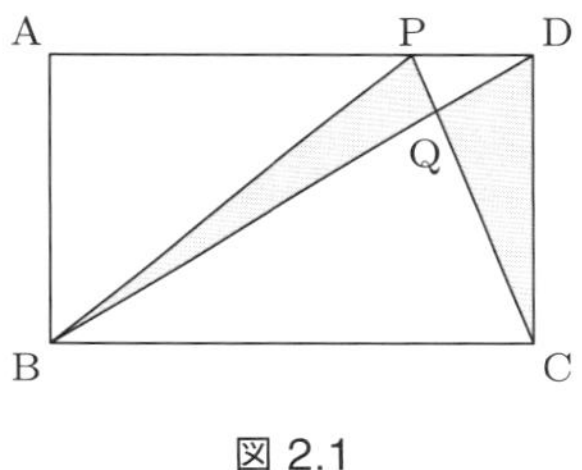

図 2.1

例題 2.2 は，2 つの三角形の面積が等しいことを示す証明問題です。もし，これらの面積が具体的に計算できれば，等しいことは証明できるでしょう。しかし，この問題では，2 つの三角形 BQP と CQD に関する情報がほとんどないので，これらの三角形の面積を計算するのは難しそうです。

そこで，問題の結論から逆にたどって，「三角形 BQP と CQD の面積が等しいことを証明するためには，何がわかればよいだろうか」と考えます。この問題の難しさの原因は，三角形 BQP と CQD の面積を求めにくいことにあるので，これらの三角形を面積がわかりやすい図形と関連づけることを考えます。

では，どの図形の面積ならわかるでしょうか。ここでは三角形 BCD を考えます（図 2.2）。四角形 ABCD は長方形ですから，角 BCD は直角です。よって，三角形の面積の公式が使えて

$$\triangle\mathrm{BCD} = \mathrm{BC} \times \mathrm{CD} \times \frac{1}{2}$$

です。ここで，上の式の $\triangle$BCD は三角形 BCD の面積，BC は辺 BC の長さ，CD は辺 CD の長さを表します。

この三角形 BCD と，2 つの三角形 BQP および CQD の関係を

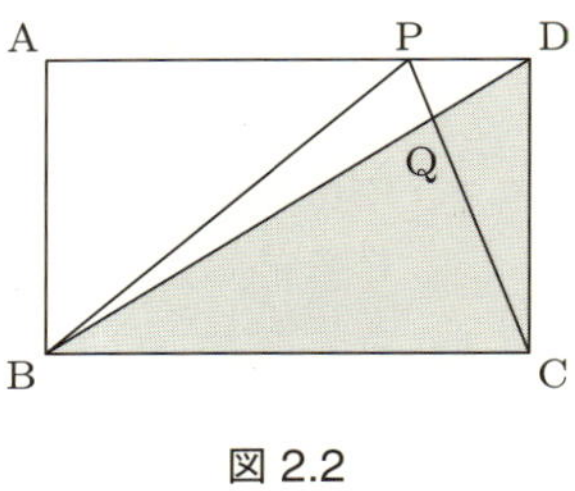

図 2.2

調べます。すぐにわかるのは，三角形 CQD は三角形 BCD から三角形 BQC を取り除いた部分であることです（図 2.3）。

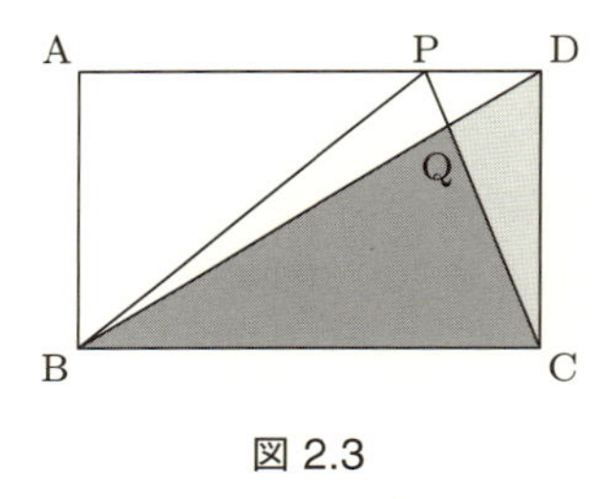

図 2.3

ここで取り除いた三角形 BQC は，三角形 BQP とつながっています。そこでこれらの三角形を合わせると，大きな三角形 BCP ができます（図 2.4）。

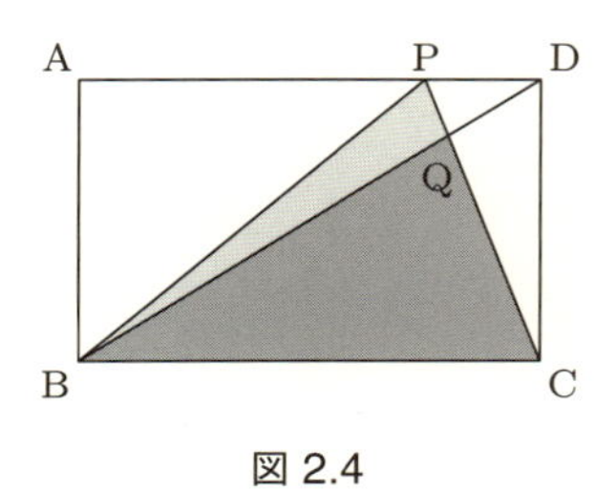

図 2.4

ここで図 2.3 と図 2.4 を比較すると，$\triangle BQP = \triangle CQD$ を証明するためには，$\triangle BCP = \triangle BCD$ を示せばよいことがわかります。

なぜなら，三角形 BCP と BCD から同じ三角形 BCQ（濃いグレーの三角形）を取り除けば，三角形 BQP と CQD が得られるからです。これで例題 2.2 の結論から少し逆にたどることができました。

そこで $\triangle\mathrm{BCP} = \triangle\mathrm{BCD}$ を証明しましょう。いま，図 2.5 のように，点 P から辺 BC に下ろした垂線の足を H とします。このとき，三角形 BCP の面積は

$$\triangle\mathrm{BCP} = \mathrm{BC} \times \mathrm{PH} \times \frac{1}{2}$$

です。四角形 ABCD は長方形ですから，垂線 PH と辺 CD の長さは等しいので

$$\mathrm{BC} \times \mathrm{PH} \times \frac{1}{2} = \mathrm{BC} \times \mathrm{CD} \times \frac{1}{2}$$

です。この右辺は三角形 BCD の面積です。したがって $\triangle\mathrm{BCP} = \triangle\mathrm{BCD}$ です。

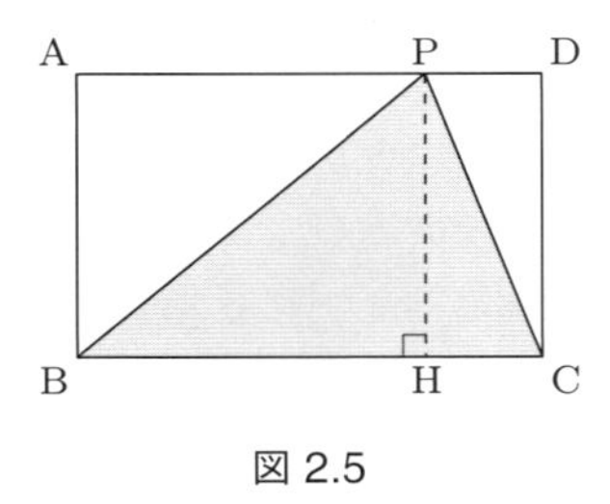

図 2.5

先ほど述べたように，$\triangle\mathrm{BCP} = \triangle\mathrm{BCD}$ から $\triangle\mathrm{BQP} = \triangle\mathrm{CQD}$ であることが導かれるので，これで例題 2.2 の証明は終わりです。

問題のゴールから逆にたどって，一歩手前に目標を設定するときは，なるべくたどり着きやすい目標にしなければなりません。この作業では，自分の過去の経験が生きることもあります。たとえば「2

つの数 a と b のどちらかが 0 であることは，$ab=0$ であることからわかる」「線分の長さが等しいことは，それらを含む 2 つの三角形が合同であることからわかる」などのアイデアは，これを使って問題を解いたことがあれば，頭に浮かびやすいでしょう。

では，自分の経験では歯が立たない場合はどうすればよいのでしょう。万能な方法はないだろうと思います。上の例題 2.2 では「問題を難しくしている要因をはっきりさせて，わかりやすいものとゴールを関連づける」という考えかたを使いました。ほかにもいろいろな考えかたがあるでしょう。

■ 条件を使って絞り込む

新居を借りて引っ越すという状況を想像してください。新しい部屋を探すときは，まず自分の求める条件（1LDK，角部屋，駅まで歩いて行ける，家賃は 6 万円以下，など）を決めます。そして，その条件を満たす部屋を不動産屋さんやインターネットなどで探します。候補をいくつかに絞り込んだら，実際に部屋を訪れてみて，さらに細かい条件（日当たりはどうか，周囲の雰囲気はどうか，歩道に街灯はあるか，など）を確認して，新居を決めるでしょう。

この方法は数学の問題を解くときにも有効です。つまり，

(1) 問題の条件や仮定を使って，いくつかの候補に絞り，
(2) その候補を 1 つずつ調べて答えを探す。

という方法です。これを使って次の問題を解いてみましょう。

例題 2.3　正の整数 n であって，$n^2/2^n$ が整数であるものをすべて求めよ[1)]。

[1)] 以下，紙面を節約するために，分数 $\dfrac{a}{b}$ を a/b と表すことがあります。また，2^n はベキ乗を表します。ベキ乗については，6 ページ（1.2 節）を参照してください。

これは決定問題です。未知のものは n で，n の条件は正の整数であることと

$$(\heartsuit) \quad \frac{n^2}{2^n} \text{ は整数である}$$

ことです。

n は正の整数ですから，n^2 も 2^n も 0 より大きいです。よって，$n^2/2^n$ が整数なら，それは正の整数です。とくに 1 以上でなければなりません。分数が 1 以上ということは，分子の数は分母の数以上ですから，n は

$$(\spadesuit) \quad n^2 \geq 2^n \text{ である}$$

という条件を満たさなければなりません。そこで n^2 と 2^n の値を比較します。

n	1	2	3	4	5	6	7	$\cdots$
n^2	1	4	9	16	25	36	49	$\cdots$
2^n	2	4	8	16	32	64	128	$\cdots$

上の表は，正の整数 n に対して n^2 と 2^n の値を並べたものです。ここからわかるように，n が 5 以上のとき $n^2 < 2^n$ であると言えそうです[2]。したがって，条件 ($\spadesuit$) から n は $1, 2, 3, 4$ のいずれかです。

これで n の候補が 4 つに絞れました。このうち，例題 2.3 の条件 ($\heartsuit$) を満たしているものを探します。$n = 1, 2, 3, 4$ について，$n^2/2^n$ の値を計算すると，順に $1/2, 1, 9/8, 1$ となりますから，整数となるのは $n = 2$ と $n = 4$ のときのみです。以上より，例題 2.3 の答えは 2 と 4 です。

上の解答では，答えの候補を絞りこむときに，問題で与えられた

[2] このことは例題 6.2 できちんと証明します。

条件 (♡) そのものではなく，それから導かれるわかりやすい条件 (♠) を使ったことに注意してください。このように，**答えを絞り込むときには，問題の設定からなるべくわかりやすい条件を導き出して使うことがポイントです**。

■ 具体例を観察して規則性を見つける

犬を飼っている人によると，言葉でやりとりができなくても，その犬が何を望んでいて，何をしようとしているのかが，よく観察するとわかるようになるそうです。

よく観察することは，その対象を理解するための第一歩です。これは数学でも同じです。次の問題を考えてみましょう。

> **例題 2.4**　n が正の整数であるとき，n^2+1 は 3 で割りきれないことを示せ。

これは証明問題です。**証明問題を解くときは，証明すべき結論が正しいことを具体例で確認してみるとヒントが得られます**。そこで，n が正の整数のとき，n^2+1 は 3 で割りきれないことを確かめてみましょう。まず，n が 1 のとき，$n^2+1=1+1=2$ で，2 は 3 で割りきれません。次に，n が 2 のときは，$n^2+1=4+1=5$ で，5 も 3 で割りきれません。n が 3 のときも，$n^2+1=10$ となって，これも 3 で割りきれません。

このような具体例をなるべくたくさん集めて整理し，よく観察して，共通点や繰り返しのパターンなどの規則性を探すと，問題の解決につながることがあります。例題 2.4 の場合は，n の値に応じて n^2+1 の値がどうなるのかを，一度に見渡せるとよいでしょう。そこで，次のような表をつくってみます。これは，n の値に応じて n^2+1 の値がどうなるかを表したものです。ここに何か規則性が見つかるでしょうか。

n	1	2	3	4	5	6	7	8	9
n^2+1	2	5	10	17	26	37	50	65	82

規則性を探すときには，問題のゴールを常に意識します。例題 2.4 で証明すべきことは「n^2+1 は 3 で割りきれないこと」でした。つまり，上の表の下段に現れる数が，3 で割りきれないことを証明するのが目標です。1 つずつ確認すると，たしかに 3 で割りきれないことがわかります。このとき，私たちは 3 で割った余りに着目しているはずです。そこで，n^2+1 を 3 で割った余りを表につけ加えてみます。

n	1	2	3	4	5	6	7	8	9
n^2+1	2	5	10	17	26	37	50	65	82
3 で割った余り	2	2	1	2	2	1	2	2	1

すると，3 で割った余りが $2, 2, 1$ の繰り返しになっていることが見てとれます。もしこれがずっと続くのなら，余りは決して 0 にならないので，n^2+1 は 3 で割りきれません。よって，この規則性が証明できれば，例題 2.4 は解けたことになります。

さて，**規則性を発見したら，数学用語と式を使って文章にすることが重要です。**上で見つけた規則性「余りが $2, 2, 1$ の繰り返しになる」をきちんと文章にして表現しましょう。上の表を見ると，n が $1, 2, 4, 5, 7, 8$ のときに n^2+1 を 3 で割った余りは 2 となり，n が $3, 6, 9$ のときに余りは 1 となっています。余りが 1 となる n の値 $3, 6, 9$ は 3 の倍数で，それ以外のときは余りが 2 です。よって，私たちが見つけた規則性は，次の 2 つの文で表されます。

- n が 3 の倍数であるとき，n^2+1 を 3 で割った余りは 1 である。
- n が 3 の倍数でないとき，n^2+1 を 3 で割った余りは 2 である。

以上より，例題 2.4 を解くためには，次の例題 2.5 が解ければよいことになります。

> **例題 2.5** 次のことを示せ。
> (1) 正の整数 n が 3 の倍数であるとき，n^2+1 を 3 で割った余りは 1 である。
> (2) 正の整数 n が 3 の倍数でないとき，n^2+1 を 3 で割った余りは 2 である。

この問題は，もとの例題 2.4 に比べて仮定と結論の情報が具体的になって，解答に使える条件が増えていることに注意してください。例題 2.4 の仮定と結論は

仮定： n は正の整数である。
結論： n^2+1 は 3 で割りきれない。

であったのに対して，新しい例題 2.5 (1) では

仮定： n は正の整数で <u>3 の倍数</u>である。
結論： n^2+1 を <u>3 で割った余りは 1</u> である。

となって，下線部の情報が増えています。

この増えた情報を使って，例題 2.5 (1) の証明をしましょう[3]。n は 3 の倍数であるとします。このとき $n=3k$（ただし k は整数）と表されます。すると，$n^2=(3k)^2=9k^2=3\cdot(3k^2)$ となりますから[4]，

$$n^2+1=3\cdot(3k^2)+1$$

です。k は整数ですから $3k^2$ も整数です。よって，上の等式から n^2+1 は 3 の倍数に 1 を足したものです。したがって，n^2+1 を

---

3) 例題 2.5 (2) の証明は例題 5.1 で行います。
4) 右辺の・は掛け算を表します。つまり $3\cdot(3k^2)=3\times(3k^2)$ です。原則として掛け算の記号 $\times$ は省略しますが，それでわかりづらくなるときには・で代用します。

3で割った余りは1です。

以上のように，難しそうな問題でも，何らかの規則性を見つけられれば，もっと易しい問題に帰着できることがあります。なお，**規則性を探すときには，具体例に順序を付けて観察することが重要です**。例題2.4の場合は，調べるべきものが正の整数 n なので，$1, 2, 3, \ldots$ という順序が自然に付きます。しかし，このような順序の付けかたが問題となることもよくあります。具体例を観察するときには，単純な場合から複雑な場合へ，そして，単純な場合のなかでも極端な場合から始めるのがよいのですが，この点については第3部で詳しく述べます。

■少し簡単にした問題を考える

自転車に乗る練習には，いくつかの段階があります。最初は補助輪をつけた自転車でペダルを漕ぐ練習をします。それから，補助輪を少し浮かせたり，補助輪とペダルを外した状態で乗ったりして，バランス感覚を身につけます。このような経験を経て，補助輪のない自転車に乗れるようになるのです。いきなり補助輪のない自転車で練習すると，かえって時間がかかるでしょうし，何より危険です。

数学でも，解きたい問題が難しい場合には，いきなりその問題を考えるのではなく，少し易しくつくり直した問題を解いてみると，もとの問題を解くためのヒントを得られることがあります。そのような例を以下で挙げますが，そのための準備として図形の凸性（とつせい）という概念について説明します。

平面上の図形が凸であるとは，荒っぽく言うと「へこんでいない」ことです。たとえば，図2.6の左側の四角形は凸で，右側は凸ではありません。

正確な定義は以下のとおりです。ある図形の上からどのように2つの点を取ってきても，それらを結ぶ線分が必ずその図形に含まれ

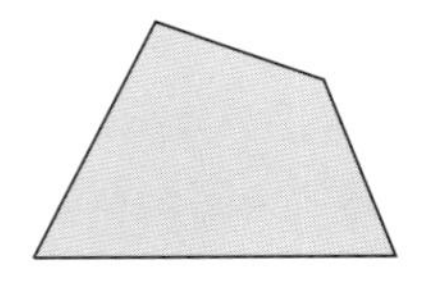
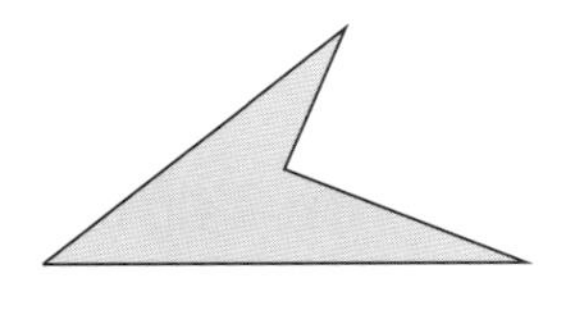

図 2.6

るとき，その図形は**凸**であると言います。たとえば，図 2.6 の左側の四角形の上に，どのように 2 つの点を取っても，それらを結ぶ線分は四角形の外に出ません（図 2.7)。よって，この四角形は凸です。一方で，図 2.6 の右側の四角形については，点 A と B を図 2.8 のように取ると，線分 AB が四角形をはみ出してしまいます。したがって，この四角形は凸ではありません。

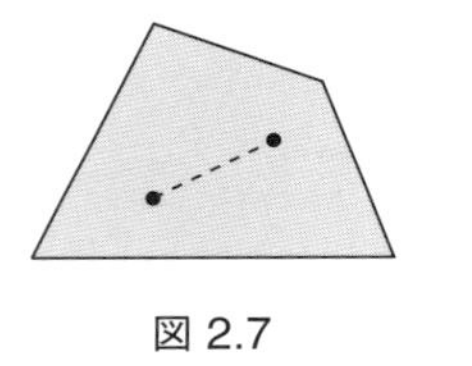

図 2.7

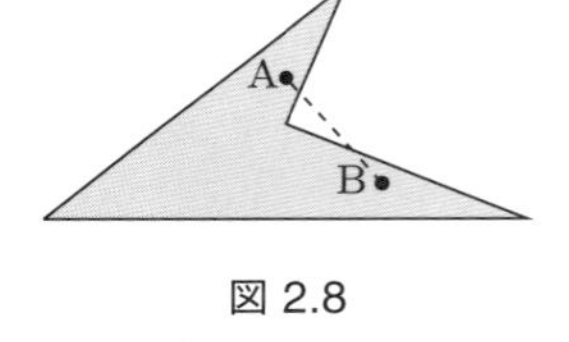

図 2.8

では，次の例題を考えましょう。問題文の凸四角形とは，凸な四角形のことです。

> **例題 2.6**　凸四角形が与えられたとき，その面積を二等分する直線を作図する方法を述べよ。

この問題を解く手掛かりを得るために，少し易しくつくり直した問題を考えます。**問題を易しくするときには，問題のどの部分を変えるのかを決めなければなりません**。例題 2.6 の場合は，凸四角形を別の簡単な図形にすることが考えられるでしょう。そこで，凸四角形を三角形に変えて，三角形の面積を二等分する直線を考えてみます。

三角形の面積を二等分する直線を作図するのは簡単です。三角形の面積は「(底辺の長さ) × (高さ) × 1/2」ですから，底辺の長さを半分にして高さを変えなければ，面積は半分になるのです。よって，どれか 1 つの頂点と，その対辺の中点を通る直線を引けば，面積が二等分されます（図 2.9）。

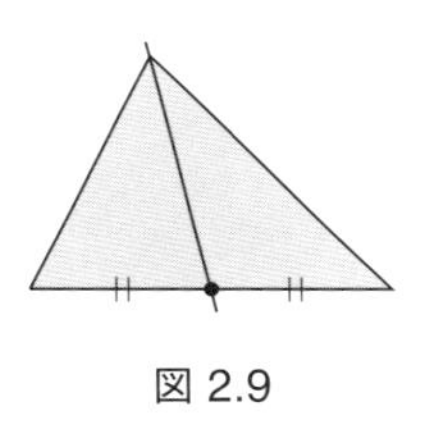

図 2.9

三角形の 1 つの頂点と，その対辺の中点を結ぶ線分を**中線**とよびます。中線の取り方は，図 2.10 のように 3 通りあることに注意してください。どの中線も三角形の面積を二等分します。

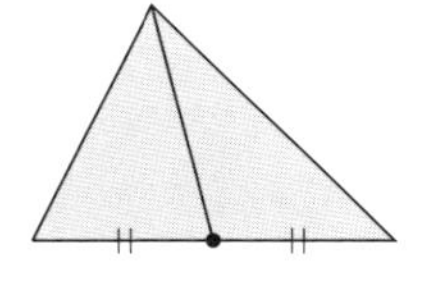
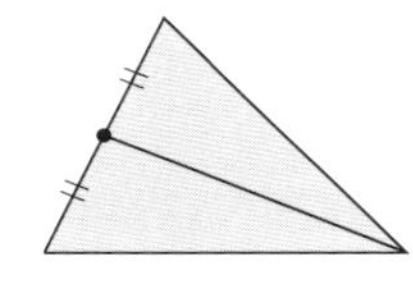
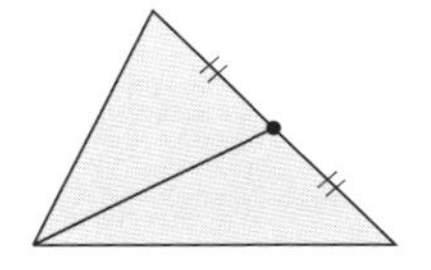

図 2.10

では，以上の結果を踏まえて，凸四角形の面積を二等分する直線を作図する方法を考えましょう。凸四角形の頂点に A, B, C, D と名前をつけます（図 2.11）。

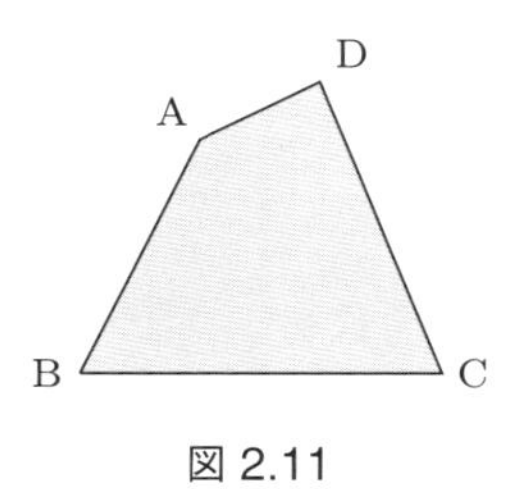

図 2.11

三角形の場合の結果を使うために，対角線 AC を引いて 2 つの三角形 ABC と ACD に分割し，これらの中線を考えます。それぞれの三角形から中線を 1 つずつ選ぶとき，2 本の中線がつながる組み合わせは，図 2.12 の 3 通りあります。これらのうち，全体の凸四角形 ABCD を 2 つの部分に分けるのは (2) の場合のみです。そこで，(2) の取りかたに注目します。

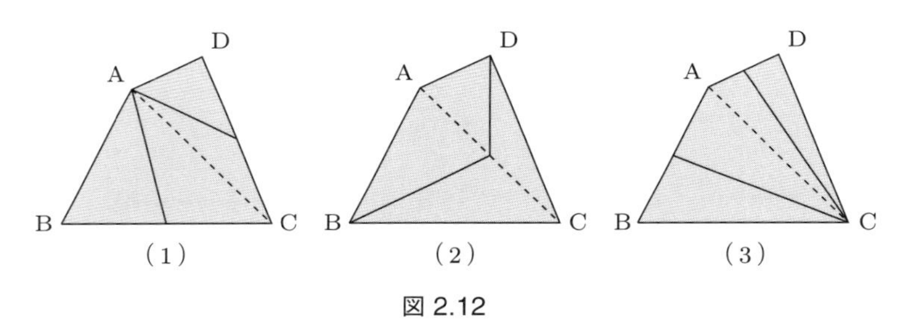

図 2.12

図 2.13 のように，対角線 AC の中点を E とします。線分 BE は三角形 ABC の中線で，線分 ED は三角形 ACD の中線です。これらの線分はそれぞれ三角形 ABC と三角形 ACD の面積を二等分していますので，四角形 ABED の面積は，全体の凸四角形 ABCD の面積の半分です。よって，凸四角形 ABCD を二等分するためには，うまく直線を引いて四角形 ABED と同じ面積をもつ図形を切り取ればよいのです。

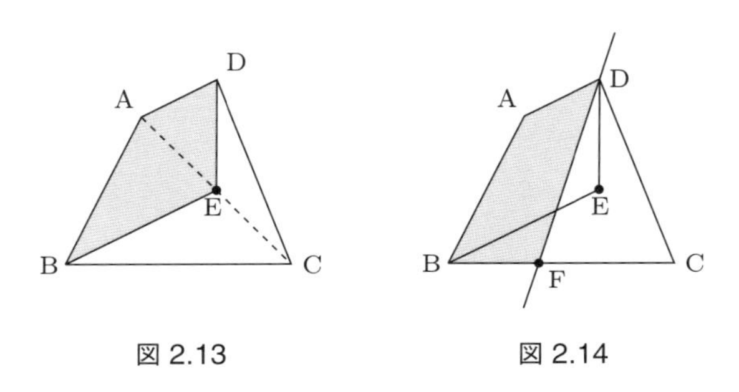

図 2.13　　図 2.14

そのような直線の取りかたにはいろいろあるかもしれませんが，ここでは図 2.14 のように，頂点 D を通る直線を考えます[5)]。この直線と辺 BC との交点を F とすると，私たちは次の問題を解けばよいことになります。

> 辺 BC 上の点 F であって，四角形 ABFD が四角形 ABED と同じ面積をもつものを作図せよ。

もし，このような点 F が作図できれば，それと点 D を通る直線が例題 2.6 の答えです。

では，そのような点 F はどうすれば作図できるでしょうか。ここで次のことに注意します。点 F が辺 BC 上のどこにあっても，四角形 ABFD と四角形 ABED は，三角形 ABD の部分が重なります（図 2.15）。よって，四角形 ABFD と四角形 ABED が同じ面積をもつためには，この重なった部分を除いた三角形 BFD と三角形 BED の面積が等しければよいのです。

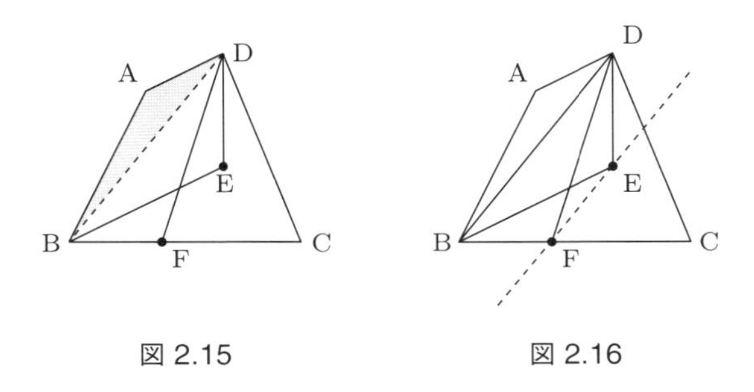

図 2.15　　　図 2.16

三角形 BFD と三角形 BED は辺 BD を共有しています。よって，三角形 BFD の辺 BD に対する高さが，三角形 BED と等しくなる

5) 折れ線 BED は四角形 ABCD の面積を二等分していますから，何らかの意味でこの折れ線をまっすぐにすればよい，と考えれば，頂点 B もしくは D を通る直線に着目するのは自然でしょう。以下の考察は，頂点 B を通る直線を考えても同様に進められます。

ように点 F を取れば，これらの三角形の面積は等しくなります。そこで，点 E を通り辺 BD に平行な直線を引きます（図 2.16 の破線)。この直線と辺 BC との交点を F とすれば，三角形 BFD は三角形 BED と同じ高さをもちます。したがって，三角形 BFD と三角形 BED の面積は等しく，よって四角形 ABFD と四角形 ABED の面積も等しいです。

以上のことから，対角線 AC の中点 E を通り対角線 BD に平行な直線と，辺 BC との交点を F とすれば，直線 DF は四角形 ABCD の面積を二等分します（図 2.17)。

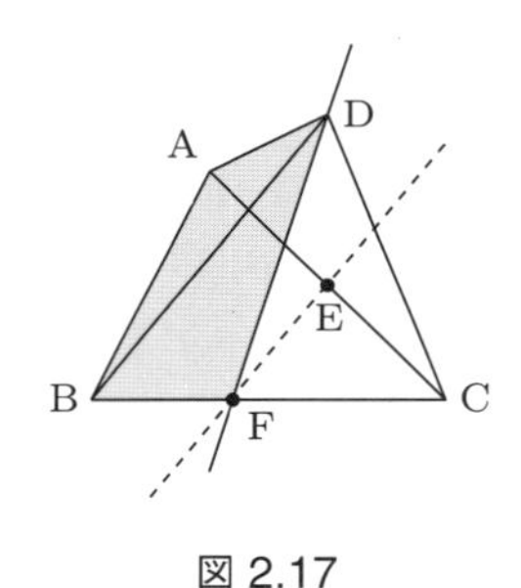

図 2.17

これで作図の方法は本質的に得られているのですが，その手順を書き下すためには，少し気をつけることがあります。ここまでの議論では，対角線 AC の中点 E が三角形 BCD の内側にあるとしていましたが，図 2.18 のように，点 E が対角線 BD 上や三角形 ABD の内側にある場合もあり得るのです。

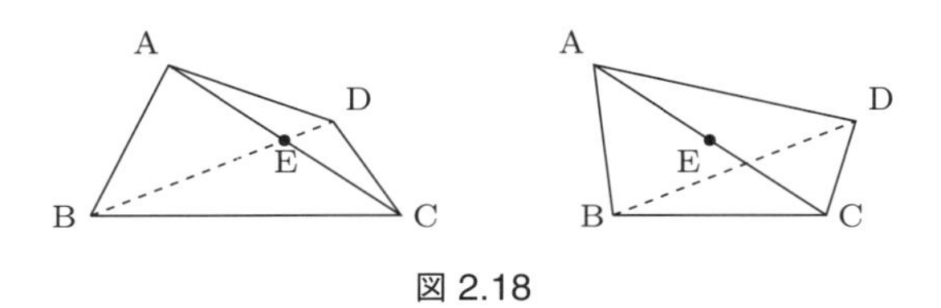

図 2.18

しかし，対角線 BD 上にあるときは，線分 BE と ED がそれぞれ三角形 ABC, ACD の中線で，これらがまっすぐにつながるので，直線 BD が四角形 ABCD の面積を二等分します。また，点 E が三角形 ABD の内側にあるときは，四角形の頂点 A, B, C, D の名前を改めて C, D, A, B と付け直せば，三角形 BCD の内側にある場合に帰着します。

以上より，凸四角形 ABCD を二等分する直線の作図法は，次のように述べられます。

(1) 与えられた凸四角形 ABCD について，対角線 AC の中点を作図する。この点を E とする。
(2) 点 E が対角線 BD 上にある場合は，直線 BD が面積を二等分する。三角形 ABD の内側にある場合は，四角形の頂点 A, B, C, D の名前を改めて C, D, A, B と付け直して，以下の作図を進める。
(3) 点 E を通り対角線 BD に平行な直線を作図する。この直線と辺 BC の交点を F とする。
(4) このとき，直線 DF は凸四角形 ABCD の面積を二等分する。

これで例題 2.6 の解答は終わりです。

解答が長くなりましたが，例題 2.6 を簡単にした問題「三角形の面積を二等分する直線を作図せよ」の答え（三角形の中線を延長した直線）をもとにして，ほしい作図の手順が得られたことに注意してください。このように，難しい問題を解くときには，少し易しくつくり変えた問題を考えると，もとの問題に対するヒントを得られることがあります。

最後に，この節で挙げた方法をまとめて書いておきましょう。

アイデアを得るための方法

- 問題の設定からわかることをとらえる。
- ゴールから逆にたどる。
- 条件を使って絞り込む。
- 具体例を観察して規則性を見つける。
- 少し簡単にした問題を考える。

実際に問題を解くときには，上に挙げた方法をいくつか組み合わせて使います。どれか１つの方法にこだわりすぎると，かえって問題が解きづらくなることもあるので，柔軟に考えるのがよいでしょう。

2.3　議論の進めかた

さて，よいアイデアが得られても，それを使って正しい議論ができなければ，きちんとした答えにはなりません。この節では数学の議論の進めかたを説明します[6)]。

■ 妥当な推論を行う

すでに正しいとわかっていることから，別のことを正しいと結論づけるときに使う論理的なルールを**推論規則**といいます。たとえば，数学でよく使われる基本的な推論規則として，次のものがあります。これは**三段論法**とよばれるものの一種です。

---

6) 数学の議論で使われる論理について，本書ではあまり深入りせず，やや荒っぽい説明に留めています。詳細については，巻末に参考文献として挙げた入門書 [11, 13] などを参照してください。

妥当な推論規則 1　条件 A が満たされるとき，必ず条件 B も満たされる。
そして，条件 B が満たされるとき，必ず条件 C も満たされる。
よって，条件 A が満たされるならば，必ず条件 C も満たされる。

この議論は，条件 A, B, C の具体的な内容によらず正しいです。たとえば，3 つの条件を

A: 12 の倍数である。
B: 6 の倍数である。
C: 偶数である。

とします。12 の倍数は 6 の倍数で，6 の倍数は偶数ですから，条件 A が満たされるなら条件 B も満たされ，条件 B が満たされるなら条件 C も満たされます。よって，上の三段論法を使うと，条件 A が満たされるなら条件 C も満たされる，すなわち「12 の倍数であれば偶数である」と結論づけられますが，この結論は正しいです。このように，正しい事項から必ず正しい結論が得られる推論規則を**妥当な推論規則**といいます。

数学でよく使われる妥当な推論規則の例をもう 1 つ挙げましょう。

妥当な推論規則 2　a は条件 A を満たす。
そして，条件 A を満たすものは必ず条件 B も満たす。
よって，a は条件 B を満たす。

この議論も，a が何であるか，そして条件 A と B の具体的な内容には関係なく正しいです。たとえば，a を 28 として，条件 A を「4 の倍数である」，条件 B を「偶数である」とします。このとき，

「a は条件 A を満たす」とは「28 は 4 の倍数である」ということで，「条件 A を満たすものは必ず条件 B も満たす」とは「4 の倍数であるものは必ず偶数である」ということです。これらの 2 つのことは成り立つので，上の推論規則を使うと「a は条件 B を満たす」，すなわち「28 は偶数である」という結論が得られますが，これは正しいです。

次に，妥当でない推論規則の例を 1 つ挙げます[7]。

妥当でない推論規則　条件 A を満たすものは，必ず条件 B も満たす。
そして，x は条件 A を満たさない。
よって，x は条件 B も満たさない。

この推論規則は妥当ではありません。たとえば，条件 A を「4 の倍数である」，条件 B を「偶数である」とします。このとき，4 の倍数は必ず偶数なので，条件 A を満たすものは条件 B も満たします。そして，x を 6 とすると，6 は 4 の倍数ではないので，条件 A を満たしません。よって，上の推論規則を使うと「6 は偶数でない」という結論が得られますが，これは正しくありません。このように，前提となる事項が正しくても，正しい結論が得られるとは限らないので，上の推論規則は妥当ではないのです。

数学の議論を進めるときには，妥当な推論規則に従わなければなりません。ただし，たとえ議論が妥当な推論の形をしていても，それだけでは不十分です。

次の議論を読んでください。

---

7) この例は，巻末の参考文献 [5] で挙げられているものです。

1111 は 3 以上の素数である。

3 以上の素数は必ず奇数である。

よって，1111 は奇数である。

この議論は，先ほど挙げた妥当な推論規則 2 において，a を 1111 とし，条件 A を「3 以上の素数である」，条件 B を「奇数である」としたものです。そして，「1111 は奇数である」という結論も間違っていません。けれども，上の議論は正しくありません。その理由を少し考えてみてください。

上の議論において，2 番目の前提「3 以上の素数は必ず奇数である」は正しい事項です。しかし，最初の前提「1111 は 3 以上の素数である」は誤りです。整数 1111 は 3 以上ですが，$1111 = 11 \times 101$ と表されるので，11 と 101 を約数としてもちます。よって，1111 は素数ではないのです。

このように，妥当な推論の形をしていて，しかも結論が正しかったとしても，その前提をなす事項が間違っていれば，正しい議論とは言えません。数学の議論を進めるときには，**正しい事項を使って妥当な推論を行わなければならない**のです。

■ 数学における禁じ手

さて，推論規則のなかには，数学以外の学問では妥当とみなされているのに，数学では使ってはならない「禁じ手」があります。次の例題を通じて，この禁じ手について説明します。これは，数学者モーザー (Moser) が 1949 年に発表した興味深い結果を題材としたものです[8)]。

[8)] 原論文は Moser, L., On the danger of induction, Mathematical Magazine **23** (1949) no.2, 109–114.

例題 2.7（モーザーの円分割問題） n は正の整数であるとする。図 2.19 のように，円周上に n 個の点を取り，これらの点を結ぶ線分をすべて引く。ただし，円の内側において，3 本以上の線分が 1 点で交わることはないようにする。このとき，円盤はいくつの部分に分かれるか。

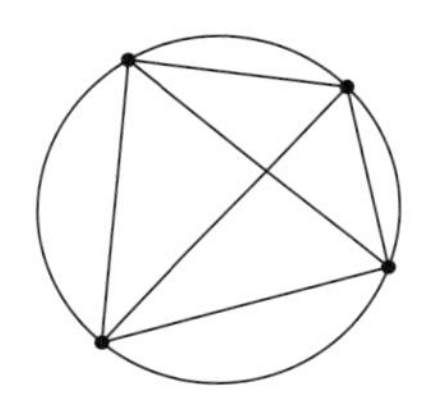

図 2.19 $n = 4$ の場合

問題の内容について少し補足します。たとえば，図 2.20 のように等間隔に 6 個の点を取ると，3 つの線分 AD, BE, CF が 1 点（円の中心）で交わります。問題文の条件「円の内側において 3 本以上の線分が 1 点で交わることはない」は，このような点の取りかたを禁止することを意味します。点 A を少しずらした図 2.21 の取りかたなら，3 本以上の線分が円の内側の 1 点で交わることはありません。このように点を取るとき，円盤がいくつの部分に分かれるかを求めるのが，例題 2.7 の目的です。

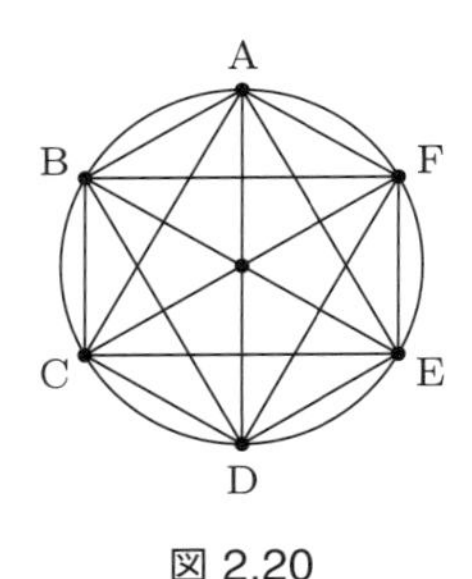

図 2.20

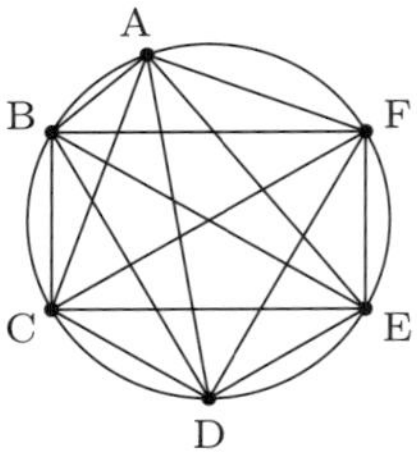

A B F C E D

図 2.21

例題 2.7 を解くのに，ここでは 24 ページ（2.2 節）で述べた「具体例を観察して規則性を見つける」という方針で考えます。点の個数 n が 1 つずつ増えるにつれて，分けられた部分の個数がどのように変化するか，その規則性を探ります。

図 2.22 を見てください。点が 1 個の場合は，円のなかに線分が引かれないので，円盤全体が 1 個の「部分」となります。点が 2 個の場合は 1 つの線分で 2 個の部分に分かれます。以下，点を増やしていくと，4 個，8 個，16 個と増えていきます。実際に数えて確認してください。

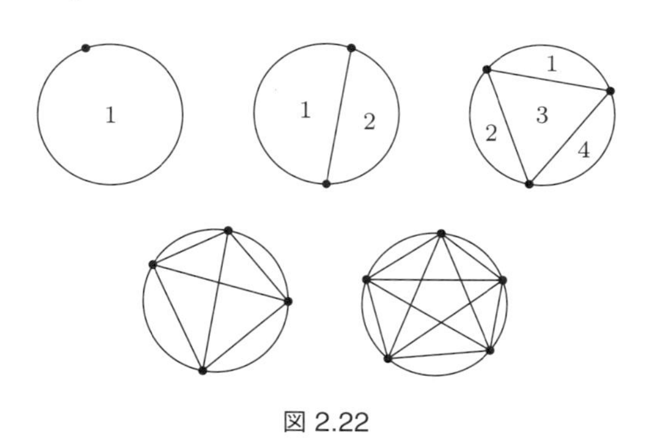

図 2.22

以上の結果をまとめると，次の表のようになります。

n（点の個数）	1	2	3	4	5
分かれた部分の個数	1	2	4	8	16

分かれた部分の個数は $1, 2, 4, 8, 16$ で，点の個数が 1 つ増えるたびに 2 倍になっています。よって，このあとは $32, 64, 128, \ldots$ と増えていくはずです。これらの値は 2 のベキ乗です[9]。$n = 1$ のときは $1 = 2^0$ 個，$n = 2$ のときは $2 = 2^1$ 個，$n = 3$ のときは $4 = 2^2$ 個

[9] ベキ乗については 6 ページ（1.2 節）を参照してください。

となっていますから，2 の肩に乗るのは n から 1 を引いた値です。よって，求める答えは 2^{n-1} 個だと予想されます。

これが正しいことを確認しましょう。$n=6$ のとき $2^{n-1}=2^5=32$ ですから，6 個の点を取ったときは 32 個の部分に分かれているはずです。図 2.23 は円周上に 6 個の点を取って分割した図です。いくつの部分に分かれているか，数えてみてください。

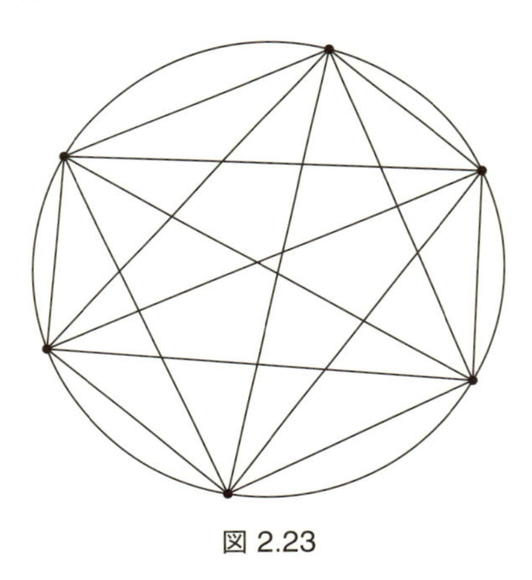

図 2.23

32 個あったでしょうか。ていねいに数えてみると，32 個ではなく，31 個の部分に分かれていることがわかります。実は，さらに点の個数を増やしていくと，次のようになります。

n（点の個数）	1	2	3	4	5	6	7	8	9
分かれた部分の個数	1	2	4	8	16	31	57	99	163

このように，点が 5 個のときまでは 2 倍で増えましたが，点が 6 個以上になると，$31, 57, 99, 163$ というバラバラな増えかたをするのです[10]。

[10] 一般に，n 個の点を取ったときの個数は，組み合わせの数 ${}_n\mathrm{C}_r$ を使って ${}_{n-1}\mathrm{C}_0 + {}_{n-1}\mathrm{C}_1 + {}_{n-1}\mathrm{C}_2 + {}_{n-1}\mathrm{C}_3 + {}_{n-1}\mathrm{C}_4$ と表されます。巻末の参考文献 [6] に証明の概略が述べられています。

私たちは，点が5個の場合までを調べて，答えを 2^{n-1} 個と予想しました。しかし，n が6以上になるとこの答えは間違っていました。このように，数学では，具体例を観察してよい規則性が見つかったとしても，それが自分の観察した範囲を超えたところで成り立っているとは限らないのです。よって，**数学では「いくつかの具体例で正しいからすべての場合に正しい」という推論をしてはならない**のです。もちろん，答えを予想するのにこのような推論をするのはかまいません。しかし，この推論は答えの正しさの根拠にはならないので，別の方法できちんと証明しなければならないのです。

このことは，非常にたくさんの具体例について正しいことが確認できる場合でも同じです。次に述べるのはゴールドバッハ (Goldbach) 予想とよばれる有名な予想で，この本を執筆している2017年12月の時点では，まだ解決していません。

ゴールドバッハ予想　4以上の偶数は必ず2つの素数の和で表されるだろう。

たとえば

$$4 = 2 + 2, \quad 6 = 3 + 3, \quad 8 = 3 + 5, \quad 10 = 3 + 7,$$
$$12 = 5 + 7, \quad 14 = 3 + 11, \quad 16 = 3 + 13,$$
$$18 = 5 + 13, \quad 20 = 3 + 17, \quad 22 = 3 + 19$$

ですから，4以上で22以下の偶数は，たしかに2つの素数の和で表されます。しかし，このような計算を続けて，たとえ1兆（1000000000000）までの偶数について正しいことを確認したとしても，ゴールドバッハ予想が正しいとは言えません。その次の偶数1000000000002は，2つの素数の和で表せないかもしれないからです。

4 以上の偶数は無限個あります。一方で，私たちが調べられる具体例は，どれだけ頑張っても有限個でしかありえません。よって，いくらたくさんの具体例を挙げても，その先でモーザーの円分割問題のような事態が生じるかもしれないので，無限個ある偶数すべてについて正しいことの証明にはならないのです。

「自分の予想はたくさんの具体例で正しかったから，いつでも正しい」という形の推論は，数学では証明にならないことに注意してください。

3　答えの書きかた

問題を解くことだけが目的であれば，前章までの考えかたを活用するだけで十分かもしれませんが，数学の研究はそれで終わりではありません。数学者は，自分の答えを他者が理解できるように書き下し，論文などの形にして公表します。本章では，この「答えを書く」作業について考えます。

3.1　答えを書く目的

上でも述べたように，問題を解くことだけが目的であるなら，自分の答えをわざわざ他者が理解できるように書き下す必要はないでしょう。では，数学者が論文などを書いて公表することには，どのような目的があるのでしょうか。

まえがきで，数学の研究とは「自分の数学的な興味や関心を，具体的な問題の形にして，それに対するよい答えを見つけ，その正しさを他者とわかちあう」ことだと言いました。ここで述べたように，研究の最終的なゴールは「答えの正しさを他者とわかちあうこと」であり，そのために答えを書き下すのだと私は考えます。以下でその理由を述べてみます。

数学の研究は，自分の問題に答えを出すことを目指します。ここで求める答えは，当然のことながら，間違った答えではなく，正しい答えでしょう。ですから，研究という営みの根幹には「正しさを目指す」ということがあります。

しかし，私たちは自分の答えが常に正しいとは限らないことも知っています。計算ミスをすることもあるでしょうし，間違った議論で結論を出してしまうこともあるでしょう。300 年以上もの間，数学者が誰一人として証明できなかったフェルマー (Fermat) の最終定理を解決したワイルズ (Wiles) も，最初に証明を公表した論文の議論に致命的な見落としがあり，それを克服する過程でかなり苦しんだそうです[1]。

よほどの自信家でない限り，いくら自分は正しいと思っていても，どこかに不安が残るはずです。では，どうすればこの不安を克服できるでしょうか。

自分が正しいと思っているだけでは不十分であるのなら，誰かほかの人にも正しいと認めてもらうしかありません。よって，正しさを目指すことのうちには，それを他者とわかちあうことが自然に含まれています。ですから，自分の答えを他者に示して正しさを確かめてもらうことが，学問としての数学におけるゴールなのです。

ただし，他者と正しさを共有する動機は，「自分の不安を克服する」という消極的なものだけではありません。もっと積極的な理由は，他者と正しさをわかちあうことそのものに喜びがあるからです。誰かから何かを教わったり，逆に誰かに教えたりしているときに，「なるほど！」と納得を共有できると，独特の喜びを感じるものです。数学に限らず，学問を発展させる実際の原動力は，このような喜びでしょう。

いずれにせよ，数学は，自分の答えを他者に示し，たがいにそれを確かめあいながら，正しさを共有していく営みであると言えます。答えを書くことは，そのために欠かせない行為なのです。

---

[1] フェルマーの最終定理の解決をめぐるドラマは，巻末の参考文献 [7] に生き生きと描かれています。

3.2　どのように答えを書くのか

前節で，答えを書く目的は，答えの正しさを他者とわかちあうことだと言いました。ところで，この目的を達成することが可能であるためには，ある条件が必要です。

自分の答えが正しいかどうか。その判断を他者にゆだねるのは少し怖いことです。「あなたの答えは間違っている」と指摘されるかもしれないからです。他者の思考を予測することは誰にもできないので，どうしても不安になってしまいます。

この不安から逃れるためなら，暴力や権威を持ち出して強制的に自分の正しさを認めさせたくなるかもしれません。しかし，そうやって他者に「あなたは正しい」と言わせても，それは口先だけではないかという疑いが残ります。意識的であれ無意識的であれ，自分が強制しているという事実からは逃れられないからです。

よって，「自分の答えが他者によって正しいと認められた」という実感を得るためには，他者が自分の頭で検討できる自由を確保しておく必要があります。そのような自由がなくなったとき，数学は喜びのない形だけのものになってしまうでしょう。

他者が自分の頭で検討できる自由を守り抜くためには，**他者が正しさを検討できるように答えを書く**ことを心掛けなければなりません。この配慮が失われてしまうと，正しさの根拠が，それぞれの個人の納得ではなく，その場の権威や大勢にすり替わっていきます。このとき，前節で述べたような正しさを求める意志は劣化し，研究という営みが骨抜きにされてしまうのです。

では，他者が正しさを検討できるように答えを書くために，具体的にはどうすればよいのでしょうか。少なくとも絶対に守らなければならないのは，**数学用語を正しく使う**ことです。たとえば，ある人が「今日から私は 3 の倍数のことを『偶数』とよぶ」と宣言したら，その人と数学の議論をするのは難しくなるでしょう。数学用語の意味が共有できていないと，他者とわかりあうことはできません。

注意しなければならないのは，数学用語のなかには日常生活でも耳にする言葉があることです。たとえば「連続」「収束する」「極限」という言葉は，数学以外でもよく使われますが，これらは数学用語でもあります。このような言葉は，数学用語として定義された意味でのみ使うように注意しないと，議論が混乱してしまいます。

ほかの例としては「または」という言葉があります。これが数学の議論のなかで使われるときには，日常会話とは違う独特の意味をもちます。

たとえばレストランのメニューに「ハンバーグにはライスまたはパンがつきます」と書いてあれば，ライスかパンのどちらかだけがつくという意味で，ライスとパンの両方がついてくることはありません。しかし，数学で「A または B」というときには，「A だけ，もしくは B だけ」という意味ではなく，「A と B の両方」も含みます。たとえば「n は偶数または 3 の倍数である」と言うときには，n が偶数であってしかも 3 の倍数である（つまり n が 6 の倍数である）場合も含むのです。これは日常会話における「または」とは意味が違います。ですから，たとえば「A と B のどちらか一方だけが成り立つ」と言いたいときに，「A または B が成り立つ」と書いてしまうと，意味がきちんと伝わらないのです。

以上のように，答えを書くときは数学用語を正確に使わなければなりません。そのためには，数学用語の定義をきちんと覚えておく必要があります。「数学は暗記科目ではない」とよく言われますが，数学用語の定義だけは覚えなければならないのです。

3.3　答えには何を書くのか

前節で述べたように，答えを書くときには，他者が正しさを自由に検討できるように書かなければなりません。そのためには，原則として，問題のゴールに至る計算や論理展開の道筋を，もれなく記述するのがよいでしょう。ここで問題のゴールとは，決定問題であれば未知のもの，証明問題であれば結論です。

ただし，実際に自分の答えを論文などにして発表するときには，ゴールまでの過程の一部を省略することもあります。たとえば，単純な計算を繰り返すだけの過程であれば，論文には書かないこともあります。これは，読み手が簡単に再現できる過程を詳しく書くと，論文が長くなってしまい，主要なアイデアが埋もれてしまうからです。論文ではなく，試験の答案を書くときでも，指定された答案用紙に書ける分量には限界がありますから，多少は議論を省略しなければならないこともあるでしょう。

しかし，これらはあくまで外在的な要因で，**原則としてはゴールまでの過程をもれなく記述しなければなりません**。たとえ実際にはすべてを記述しないとしても，要求されればすべての過程を書けるくらいに自分の答えを理解している必要はあります。そうでなければ，答えの一部を省略するにも，どの部分に主要なアイデアがあり，どの部分は省略できるのか，わからないからです。また，後の 51 ページ（3.4 節）で述べるように，「当たり前に成り立つことだから詳しい議論はいらない」と思うところで間違えてしまうことが，数学ではよくあるからです。ですから，ゴールに至る論理的なステップすべてを，一度は詳しく記述してみて，自分の答え全体を細部にわたって理解しておくほうがよいのです。答えを短くするのはその後でもできます。

では，次の例題の答えを実際に書いてみましょう。

例題 3.1　1 辺の長さが 6 の正方形 ABCD がある。辺 AD 上に点 E があり，辺 CD 上に点 F がある。AE = 3, CF = 2 であるとき，線分 EF の長さを求めよ（図 3.1）。

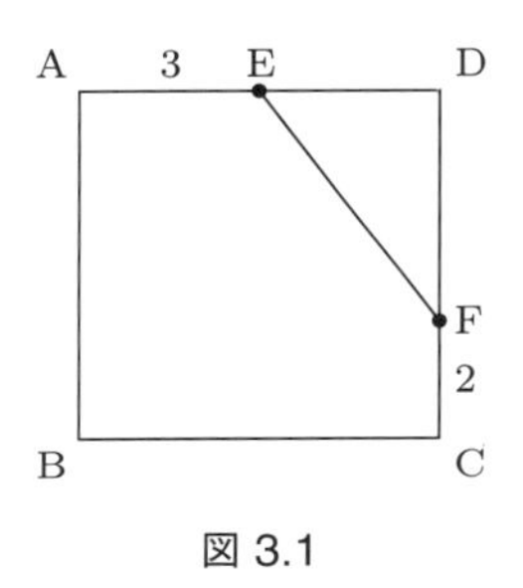

図 3.1

例題 3.1 は決定問題です。決定問題を解くときには，未知のものを計算するために，補助的な量をいろいろと使います。答えにはこのような量の定義とその関係をもれなく記述します。

例題 3.1 では，線分 EF の長さが未知のものです。三角形 EFD が直角三角形であることに気づけば，ピタゴラスの定理（三平方の定理）を使うことを思いつくでしょう。このとき，線分 ED と FD の長さが補助的な量となります。これらの線分の長さは，問題で与えられた条件 AE = 3, CF = 2 および正方形 ABCD の 1 辺の長さが 6 であることから容易に計算できますから，これで問題が解けます。

以上のことを踏まえて，次の解答例を見てください。

例題 3.1 の解答　正方形 ABCD の 1 辺の長さは 6 だから AD = 6 である。よって ED = AD − AE = 6 − 3 = 3 である。同様に，CD = 6 であることから FD = CD − CF = 6 − 2 = 4

である。三角形 EFD は角 EDF が直角の直角三角形であるから，ピタゴラスの定理より $\mathrm{EF}^2 = \mathrm{ED}^2 + \mathrm{FD}^2$ である。上で計算したように $\mathrm{ED} = 3$, $\mathrm{FD} = 4$ であるから，

$$\mathrm{EF}^2 = 3^2 + 4^2 = 9 + 16 = 25$$

である。両辺の平方根をとると $\mathrm{EF} = \pm 5$ が得られ，線分 EF の長さは正の値であるから $\mathrm{EF} = 5$ である。よって線分 EF の長さは 5 である。

ここで，上の解答例での話の流れが，問題を解く方針を考えた道筋とは向きが逆であることに注意してください。上の解答では，

線分 AE，線分 CF，正方形 ABCD の 1 辺の長さ
→ 線分 ED と線分 FD の長さ
→ 線分 EF の長さ

の順で計算を進めています。一方で，解きかたを考えたときには

(1) 線分 EF は直角三角形 EDF の斜辺だから，ピタゴラスの定理が使えるだろう。
(2) ピタゴラスの定理を使うには，線分 ED と線分 FD の長さがわかればよい。
(3) 線分 ED と線分 FD の長さは，問題で与えられた線分 AE，線分 CF，正方形 ABCD の 1 辺の長さを使えば計算できる。

という流れで話を進めました。ここでは，

線分 EF の長さ
→ 線分 ED と線分 FD の長さ
→ 線分 AE，線分 CF，正方形 ABCD の 1 辺の長さ

の順で考えています。これは解答例の流れと逆向きです。

このように，問題を解くときの考えの流れと，答えを書くときの流れとは，向きが逆になることがよくあります。このことから，**きちんとした答えはすぐに書けるものではない**ことがわかります。問題の解きかたを見つけた後に，自分の答えの全体像を把握できてはじめて，問題のゴールまでの道筋を順序立てて書けるのです。

答えを書くときには，もう１つ注意することがあります。それは，**「なぜ自分はこのように考えるのか」「どのようにしてこのアイデアを思いついたのか」は答えに書かなくてよい**ということです。

答えを書くときには，どの対象をどの文字で表すのか，それらの間にはどのような関係があるのか，その関係から何が導かれるかなど，論理的な事実関係とそれが成り立つ理由だけを書きます。自分の意見や，答えのアイデアを思いついた経緯などを書く必要はありません。これは現代数学の習慣の１つで，よい面も悪い面もあります。問題のゴールまでの道筋だけを書けば，内容が明確に伝わり検討もしやすいので，他者と正しさを共有するのには有効です。一方で，このような書きかたは，問題を解く鍵となったアイデアの本質を，書かれた答えから把握しづらいという難点もあります。

この本は，問題を解くための考えかたを説明することも目的としていますので，答えそのものだけでなく，その答えを得るまでの考察の流れもなるべく書いています。しかし，実際に答えを書くときには，問題のゴールに至る道筋だけを，順序よく整理して，もれなく書けば十分です。

3.4　自分の答えを見直す

答えが書けたら，それを客観的に見直すことが重要です。答えを書いている間は，自分の考えは正しいと信じきっているものなので，計算や論理展開を冷静に検証するのが難しいからです。以下では，自分の答えを見直すときのポイントを 2 つ挙げます。

■ 当たり前に思えることもきちんと考え直す

数学の問題を解くときに生じる間違いには，大きく分けて 2 つのタイプがあります。1 つは単純な計算ミスで，これは数学が得意な人でもしてしまうものです。もう 1 つは，議論の展開に関するミスで，とくに「当たり前に成り立つだろう」と思った事項が，実は成り立っていなくて，間違えてしまうことがあります。

このような間違いの例として，「すべての三角形は二等辺三角形であること」の証明を紹介します。もちろん，二等辺三角形でない三角形はいくらでもありますから，以下の証明には間違いがあります。どこに誤りがあるでしょうか。

すべての三角形は二等辺三角形であることの（間違った）証明

三角形を勝手に 1 つ取り，頂点を A, B, C とする。辺 BC の中点を P とする。図 3.2 のように，角 BAC の二等分線と，辺 BC の垂直二等分線の交点を D とする。そして，点 D から辺 AC, AB に下ろした垂線の足を，それぞれ Q, R とする。

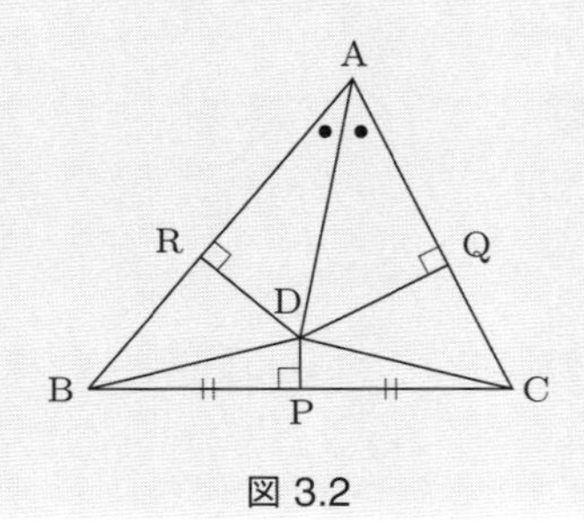

図 3.2

AB = AC であることを，以下の 3 段階に分けて証明する。

① 三角形 ARD と三角形 AQD は合同であることを証明する。

線分 AD は角 RAQ の二等分線であるから，角 RAD と角 QAD の大きさは等しい。また，点 R と点 Q の取りかたから，角 DRA と角 DQA はともに直角である。そして，辺 AD は共通であるから，直角三角形の合同条件を満たしているので[2)]，三角形 ARD と三角形 AQD は合同である。

② 三角形 DRB と三角形 DQC は合同であることを証明する。

まず，BD = CD であることを示す。そのために，三角形 BDP と三角形 CDP が合同であることを証明する。線分 DP は辺 BC の垂直二等分線であるから，BP = CP であり，角 BPD と角 CPD の大きさはともに 90° で等しい。そして，辺 DP は共通である。よって，三角形 BDP と三角形 CDP は合同であるから[3)]，BD = CD である。

BD = CD であることを使って，三角形 DRB と三角形 DQC は合同であることを示そう。①の結果から三角形 ARD と三角形 AQD は合同であるので，RD = QD が成り立つ。また，点 R と点 Q の取りかたから，角 BRD と角 CQD はともに直角である。そして BD = CD であるから，三角形 DRB と三角形 DQC は合同である[4)]。

③ AB = AC であることを証明する。

①で示したように三角形 ARD と三角形 AQD は合同であるから，AR = AQ である。さらに，②で示したように三角形

[2)] 直角の対辺の長さと，直角以外の 1 つの角の大きさがそれぞれ等しければ，2 つの直角三角形は合同です。

[3)] 2 つの辺の長さと，それらの辺がはさむ角度がそれぞれ等しいので合同です。

[4)] 直角三角形については，直角の対辺ともう 1 つの辺の長さがそれぞれ等しければ合同となります。

DRB と三角形 DQC は合同であるから，RB = QC である。したがって AB = AR + RB = AQ + QC = AC が成り立つので，AB = AC である。

以上より，三角形 ABC は AB = AC を満たす二等辺三角形である。

この証明のどこに間違いがあるか，わかったでしょうか。

実は，この証明は冒頭に間違いがあります。はじめに，角 BAC の二等分線と辺 BC の垂直二等分線の交点 D を取りました。図 3.2 では，この交点が三角形 ABC の内側にあるように描かれていますが，これが間違いです。

たとえば，辺 AB が辺 AC よりも長い場合には，角 BAC の二等分線は図 3.3 のように，辺 BC の中点 P と頂点 C の間を通り，辺 BC の垂直二等分線とは三角形 ABC の外側で交わります。そして，交点 D から直線 AC に下ろした垂線の足 Q は，辺 AC の上にではなく C の側に延長した直線の上にきます。

このときも，上の証明の①と②の結論（三角形 ARD と AQD は合同で，三角形 DRB と DQC も合同である）は正しいです。よって，

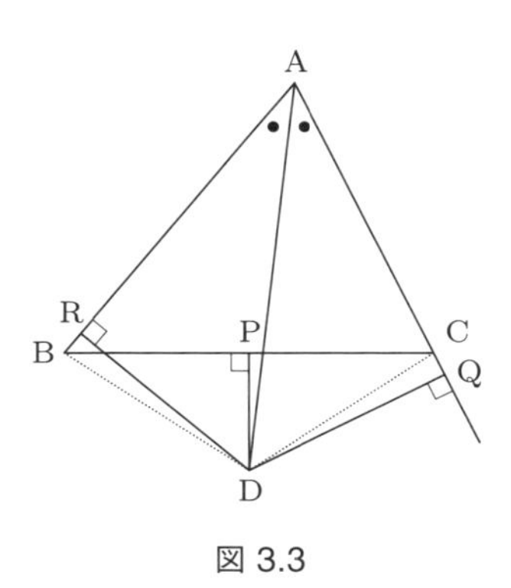

図 3.3

$AR = AQ$, $RB = QC$ も成り立ちます。しかし，$AB = AR + RB$ である一方で，点 Q は辺 AC の外側にあるので $AC = AQ - QC$ と引き算になります。よって，$AB = AC$ とは言えないのです。

上の間違った証明では，「角 BAC の二等分線と辺 BC の垂直二等分線は三角形 ABC の内側で交わる」と思ってしまったために，正しくない結論が得られました。このような早合点による間違いは，数学者でもよくしてしまいます。これを避けるためには，「当たり前に成り立つ」と思うこともしっかりと検討しなければなりません。

■ 議論をなるべく簡潔にする

答えを検討するときの第二のポイントは，議論をなるべく簡潔にすることです。答えを書くときは，読み手が理解しやすいように書きます。しかし，答えを出すのに必要ない議論が長々と続くと，読み手は解きかたの本筋を見失ってしまうでしょう。よって，なるべく必要なことだけを書いて，議論の無駄を省かなければなりません。

ただし，**議論の無駄を省くことは，単に省略してしまうことではありません**。たとえば，自分の答えが次のような形をしているとしましょう（G はゴールです）。

A だから B であり，よって C である。
C だから D であるので，したがって G である。

このとき，単に書く分量を減らして

A だから C であり，したがって G である。

としてしまうのは，無駄な議論を省くことではありません。このように書くと，読み手は「なぜ A から C が導かれるのか」を読み取れず，ゴールに至る計算や論理展開をもれなく書くという原則から，大きく外れてしまいます。

無駄な議論を省くとは，問題を解くのに使ったアイデアを改善して，議論のステップを減らすことです。例を 1 つ挙げましょう。次の問題の解答例を簡潔にできるかどうか，考えてみてください。

例題 3.2　平行四辺形 ABCD について $AB = 2$, $BC = 4$, $\angle ABC = 60°$ であるとき，この平行四辺形の面積を求めよ（図 3.4）。

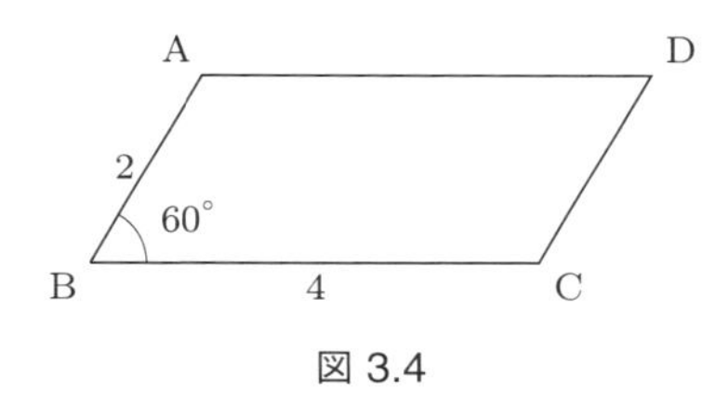

図 3.4

例題 3.2 の解答例　平行四辺形の向かいあう辺の長さは等しいので，$AD = BC = 4$, $DC = AB = 2$ である。また，平行四辺形の向かいあう角の大きさは等しく，隣りあう 2 つの角の大きさの和は 180° であるから，$\angle CDA = \angle ABC = 60°$ であり，$\angle DAB = 180° - \angle ABC = 180° - 60° = 120°$ である。

いま，図 3.5 のように，辺 BC の中点を E とし，辺 AD の中点を F とする。辺 BC と辺 AD の長さは 4 であるから，線分 BE, EC, AF, FD の長さはすべて 2 である。

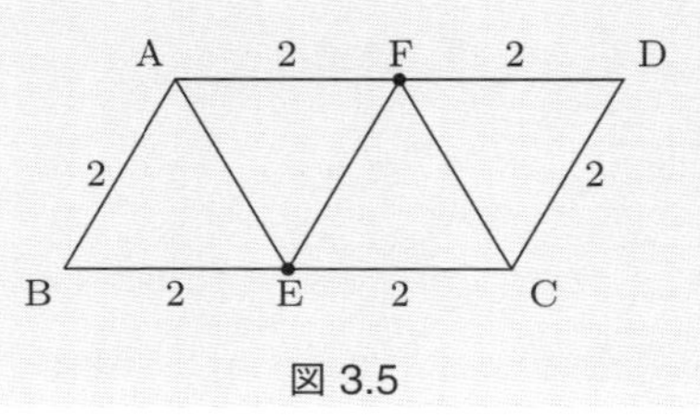

図 3.5

三角形 ABE について，$BA = BE = 2$, $\angle ABE = 60^\circ$ である。よって三角形 ABE は正三角形である[5]。したがって，$AE = 2$ である。また，三角形 CDF も，$DC = DF = 2, \angle CDF = 60^\circ$ であるから，正三角形である。よって $CF = 2$ である。

三角形 ABE は正三角形であるから $\angle BAE = 60^\circ$ である。$\angle BAF = 120^\circ$ であるから，$\angle EAF = \angle BAF - \angle BAE = 120^\circ - 60^\circ = 60^\circ$ である。そして，$AE = 2$ であり，$AF = 2$ でもあるから，三角形 AEF は正三角形である。同様にして，三角形 CFE も正三角形であることがわかる。

以上より，平行四辺形 ABCD は，1 辺の長さが 2 の 4 つの正三角形 ABE, AEF, CFE, CDF に分割される。したがって，求める面積は，1 辺の長さが 2 の正三角形の面積の 4 倍である。そこで，1 辺の長さが 2 の正三角形の面積を計算しよう。

1 辺の長さが 2 の正三角形を考え，3 つの頂点を U, V, W とする (図 3.6)。頂点 U から辺 VW に下ろした垂線の足を H とすると，点 H は辺 VW の中点であるから[6]，$VH = 1$ である。そして, $UV = 2$ であり, 三角形 UVH は角 UHV が直角の直角

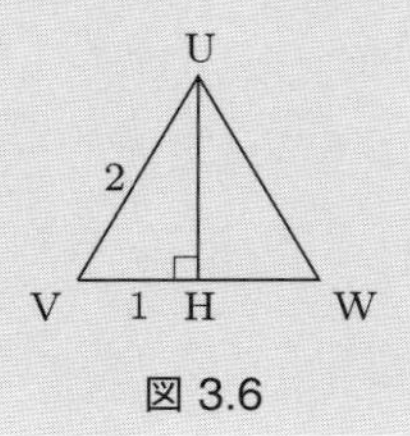

図 3.6

[5] 2 つの辺の長さが等しく，その 2 辺の間の角の大きさが 60° である三角形は，正三角形です。

[6] 点 H が辺 VW の中点であることは，三角形 UVH と UWH が合同であることからわかります（UH 共通，$UV = UW$ で $\angle UHV = \angle UHW = 90^\circ$ より合同となる)。

三角形であるから，ピタゴラスの定理より $\mathrm{UH}^2+\mathrm{VH}^2=\mathrm{UV}^2$ である。したがって $\mathrm{UH}=\sqrt{\mathrm{UV}^2-\mathrm{VH}^2}=\sqrt{2^2-1^2}=\sqrt{3}$ である。よって，1 辺の長さが 2 の正三角形の面積は

$$\frac{1}{2}\times\mathrm{VW}\times\mathrm{UH}=\frac{1}{2}\times 2\times\sqrt{3}=\sqrt{3}$$

である。以上より，平行四辺形 ABCD の面積は $\sqrt{3}\times 4=4\sqrt{3}$ である。

この解答例に間違いはありませんが，議論を簡潔にする余地があります。どこを修正すればよいでしょうか。

上の解答例では，平行四辺形 ABCD が 4 つの合同な正三角形に分けられることを証明しました。しかし，このことを使わなくても，面積は計算できます。

例題 3.2 の平行四辺形 ABCD において，辺 BC 上の点 E を $\mathrm{BE}=2$ となるように取ります（図 3.7）。このとき，三角形 ABE は 1 辺の長さが 2 の正三角形です。頂点 A から辺 BE に下ろした垂線の足を H とします。点 H は辺 BE の中点ですから，$\mathrm{BH}=1$ です。よって，直角三角形 ABH にピタゴラスの定理を適用すれば，$\mathrm{AH}=\sqrt{\mathrm{AB}^2-\mathrm{BH}^2}=\sqrt{3}$ であることがわかります。線分 AH の長さは，平行四辺形 ABCD において辺 BC を底辺としたときの高さです。したがって，平行四辺形 ABCD の面積は

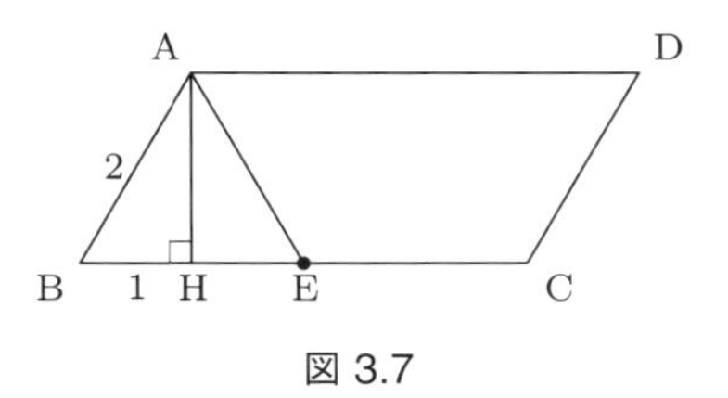

図 3.7

$BC \times AH = 4 \times \sqrt{3} = 4\sqrt{3}$ です。

最初の解答例では，平行四辺形 ABCD が同じ形の 4 つの正三角形に分けられることを使って，全体の面積を計算しました。この計算において，1 辺の長さが 2 の正三角形の高さを求めています。しかし，全体の面積を計算するには，この高さだけが必要で，同じ形に分けられることは必要ありません。そこでこの議論を省けば，答えを簡潔にできるのです。

以上のように，無駄な議論はなるべく省くべきです。ただし，**無駄であるかどうかは，議論の内容だけで決まるのではなく，その問題を扱う文脈に依存します**。上の解答例でも，「4 つの正三角形に分けられる」ことそのものに価値がないのではありません。面積の計算法をなるべく簡潔に伝えるのが目的だから，この議論は省けるのです。たとえば，もし例題 3.2 が，「図形を同じ形で分割する」という問題を論じるなかで扱われるなら，4 つの正三角形に分ける議論は無駄ではないでしょう。答えを簡潔にするときには，問題が置かれている文脈をきちんと押さえる必要があります。

4　新しい問題のつくりかた

ここまでは,「問題を立てて，それを解き，答えを書く」という研究の一連の流れに沿って話を進めてきました。自分の問題を解いて答えを書き下せたら一段落つきます。しかし，たいていの場合はそれで終わりではなく，1 つの問題が解けたあとに，そこから新しい問題をつくり出して，さらに研究を進めていきます。この章では，新しい問題をつくるときによく使われる標準的な 4 つの方法を挙げて説明します。

4.1　データを変える

ここでは決定問題について考えます。決定問題の主要部分はデータ・条件・未知のものの 3 つでした（8 ページ（1.2 節）)。このうち，データを別のものに取り換えれば，新しい問題ができます。

例として次の問題を考えましょう。

> **問題例 4.1**　3 つの辺の長さが a, b, c である三角形の面積を S とする。このとき，S を a, b, c を使って表せ。

これは 2000 年以上前にも考えられていた古い問題で，その答えは現代の数学の言葉を使うと以下のように述べられます。3 辺の長さ a, b, c を使って，$s = (a + b + c)/2$ と定めます。このとき，三角形の面積 S は

$$S = \sqrt{s(s-a)(s-b)(s-c)}$$

と表されます。この公式を**ヘロン (Heron) の公式**とよびます[1)]。

さて，問題例 4.1 では 3 つの辺の長さがデータとして指定されています。そこで，データを「2 つの辺の長さと 1 つの角」に取り換えてみます。このとき，1.3 節で述べたように，辺と角の位置関係を決めなければなりません。これをきちんと指定すると，次の問題ができます。

> **問題例 4.2**　三角形 ABC について，辺 AB の長さを x，辺 BC の長さを y とし，面積を S とする。
> (1) 角 ABC の大きさを α とするとき，S を x, y, α を使って表せ。
> (2) 角 BCA の大きさを β とするとき，S を x, y, β を使って表せ。

このように，決定問題のデータを別のものに取り換えると，新しい問題ができます。ただし，13 ページ（1.4 節）で述べたように，データを取り換えた問題が，いつでも意味をもつとは限りません。たとえば，上の問題例 4.2 (2) は，$x = 1$, $y = 2$, $\beta = 45^\circ$ のとき，問題の条件を満たす三角形 ABC が存在しません[2)]。このように問題として成立しないときには，「いつ成立するのか」を問うと，新しい問題ができます。先ほどの問題例 4.2 (2) からは，次のような問題が得られます。

> **問題例 4.3**　辺 AB の長さが x，辺 BC の長さが y で，角 BCA の大きさが β であるような三角形 ABC が存在するのは，x, y, β

---

1) ヘロンの公式については，付録も参照してください。
2) 問題例 1.8 を参照してください。

がどのような条件を満たすときか。

このように，決定問題のデータを取り換えると，派生的に新しい問題が得られます。

4.2　一般化する・特殊化する

次の方法は一般化と特殊化です。まず**一般化**とは，問題や定理のなかで指定されている条件を緩めたり，状況をより広く設定したりすることを意味します。たとえば，例題 2.2 では次のことを証明しました。

> 図 4.1 のように，長方形 ABCD の辺 AD 上に点 P を取り，線分 BD と線分 CP の交点を Q とする。このとき，三角形 BQP と三角形 CQD は面積が等しい。

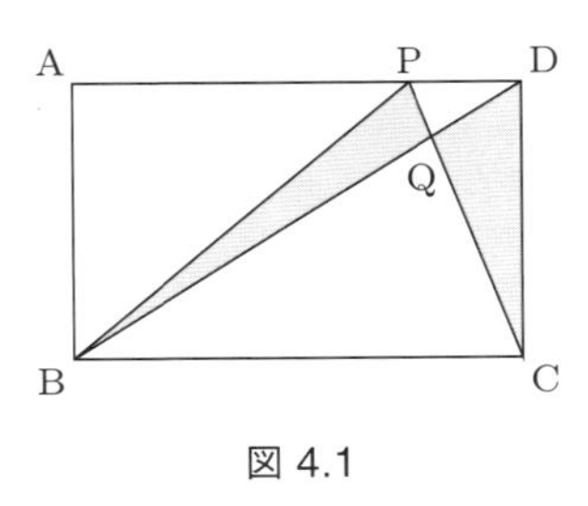

図 4.1

ここでは，四角形 ABCD が長方形であると仮定されています。長方形というのは四角形のなかでも特殊な形です。そこで「長方形である」という条件を緩めて，それほど特殊な四角形でなくても，上の結論は正しいかどうかを考えてみます。

例題 2.2 の解きかたを思い出しましょう。ポイントは，三角形 BPC と三角形 BDC の高さが等しいことでした。このことを導くのに，例題 2.2 の解答では，四角形 ABCD が長方形であることを使いました。しかし，高さが等しいためには長方形でなくてもよく，辺 AD と辺 BC が平行でありさえすればよいのです（図 4.2)。

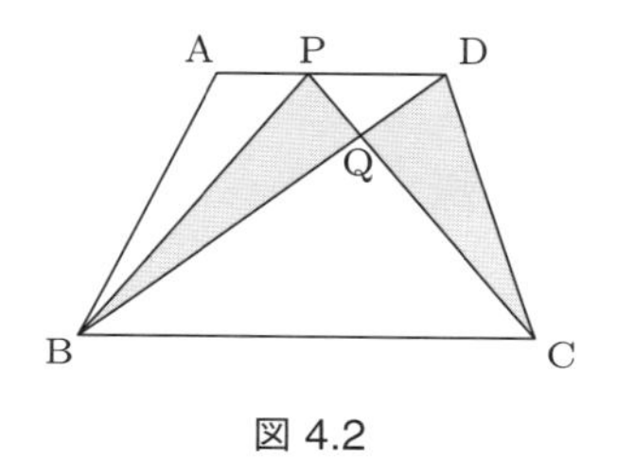

図 4.2

よって，四角形 ABCD は長方形という特殊な形でなくても，辺 AD と辺 BC が平行な台形であればよいのです。したがって，次のことが成り立ちます。

> 四角形 ABCD は辺 AD と辺 BC が平行な台形であるとする。辺 AD 上に点 P を取り，線分 BD と線分 CP の交点を Q とする。このとき，三角形 BQP の面積と三角形 CQD の面積は等しい。

もとの例題 2.2 では，四角形 ABCD が長方形であると仮定されていたのに対し，ここでは台形であると仮定されています。長方形は台形の一種ですから，もとの例題 2.2 よりも広い状況で，三角形 BQP と CQD は面積が等しいことを述べています。よって，これは例題 2.2 の結果の一般化です。

上に挙げたのは，すでに得られた結果を一般化する例ですが，同じように，解けた問題の条件を緩めたり，考える状況を広げたりすると，一般化した新しい問題が得られます。

例として，例題 2.6 を一般化しましょう。この問題では，凸四角形の面積を二等分する直線の作図を考えました。四角形は多角形の一種ですから，問題の状況を目いっぱい広げると，例題 2.6 は次のように一般化できます。

> **問題例 4.4**　n は 3 以上の整数であるとする。凸 n 角形を二等分する直線を作図する方法を述べよ。

もう 1 つ例を挙げましょう。例題 2.1 を考えます。この例題は「素数 p であって $p+1$ が奇数となるもの」を求める問題でした。ここで，素数とは 1 より大きい整数で，1 とそれ自身以外の約数をもたないものですから，素数の約数は必ず 2 個です。そこで，この例題を約数の個数について一般化してみます。

> **問題例 4.5**　k を 2 以上の整数とする。約数が k 個の正の整数 n であって，$n+1$ が奇数であるものを求めよ。

しかし，この問題は一般化されすぎていて，どのように考えればよいのかわかりません。そこで，k を特別な値に指定した問題を考えます。$k=2$ の場合はもとの例題 2.1 そのものですから，$k=3$ とすれば新しい問題が得られます。

> **問題例 4.6**　約数が 3 個の正の整数 n であって，$n+1$ が奇数であるものを求めよ。

このように，一般化された状況のなかで，ある特別な場合を考えることを**特殊化**といいます。以上のように，解けた問題を一般化したり特殊化したりすると，新しい問題が立てられます。

4.3　逆を考える

数学では，あることがらの「逆」が正しいかどうかが問題となります。この「逆」という言葉の正確な意味を述べるためには，論理に関する用語が必要ですので，まず簡単に説明します。

■「ならば」を含む命題

正しいか正しくないかが数学的にはっきりと決まる文のことを**命題**と言います。たとえば，次の 2 つの文は命題です。

(1) $2+2=2\times 2$ である。
(2) 24 は偶数でない。

命題の内容が正しいとき，その命題は**真**であるといい，正しくないときには**偽**であるといいます。たとえば，$2+2$ と 2×2 はどちらも 4 で等しいので，上の命題 (1) は真です。また，24 は偶数ですから，命題 (2) は偽です。

さて，9 ページ（1.2 節）で述べたように，数学の証明問題の多くは「○○○ならば×××であることを示せ」という形をしています。このように「P ならば Q」（ただし P と Q は何らかの条件）という形をした命題は，数学においてとくに重要です。たとえば

(3) n が 4 の倍数ならば n は偶数である。
(4) 四角形の 4 つの辺の長さが等しければ正方形である。

という 2 つの命題は，いずれも「P ならば Q」の形をしています。

この「P ならば Q」という命題は，「もし P であれば必ず Q である」という意味です。そして，このことが正しければ真です。たとえば，上の命題 (3) は真ですが，命題 (4) は真ではありません（つまり偽です）。たとえば，直角をはさむ辺の長さが 1 と 2 の直角三角形を，図 4.3 のように 4 つ並べてできる四角形は，4 つの辺の長さが等しいですが，正方形ではありません。したがって，「もし 4 つの辺の長さが等しければ<u>必ず</u>正方形である」とは言えないので，

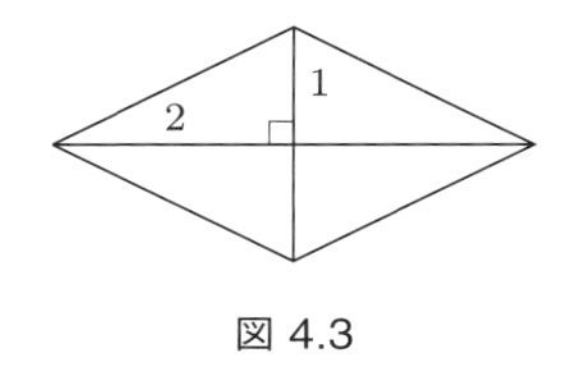

図 4.3

命題 (4) は偽なのです。

このように,「P ならば Q」という命題は,「P であるが Q ではない」ことがあり得ると偽になります。この条件「P であるが Q でない」を満たす例のことを,命題「P ならば Q」に対する**反例**といいます。たとえば,図 4.3 の四角形は,命題 (4) に対する反例です。「P ならば Q」という命題は,反例が 1 つでもあると偽です。

「P ならば Q」の形の命題の意味については,注意すべきことがあります。それは,**「P ならば Q」という命題は,P でない場合については何も言っていない**ということです。これは,日常会話での「ならば」と違うところです。

日常会話では,「P ならば Q」という命題は,同時に「P でないならば Q でない」ことも意味するのが普通です。たとえば,「晴れていれば公園に行く」と言ったら,普通は「晴れていなければ公園には行かない」ということも意味します。このように,日常会話における「P ならば Q」という表現は,「P でないならば Q でない」も同時に意味するのが普通です。

しかし数学では,「P ならば Q」という命題は,P でない場合については何も言っていないと解釈します。上の例で言うと,「晴れていれば公園に行く」という文を数学の命題としてとらえるなら,「晴れていないときに公園に行くかどうかはわからない」と解釈しなければなりません。

数学的な例を挙げましょう。n が整数を表すときに,「n が偶数な

らば $n(n+1)$ も偶数である」という命題を考えます。上で述べたように，この命題は n が奇数の場合については何も言っていないと解釈します。ですから，この命題が真であるかどうかを考えるときに，n が奇数の場合について考察する必要はありません。

■「ならば」を含む命題の逆

では，「逆」という言葉の意味を説明しましょう。「P ならば Q」の形の命題に対して，「Q ならば P」をこの命題の**逆**といいます。たとえば，整数 n についての命題「n が 4 の倍数ならば，n は 2 の倍数である」の逆は，「n が 2 の倍数ならば，n は 4 の倍数である」です。

命題の逆が問題となるのは，**「P ならば Q」が真でも，その逆「Q ならば P」が真であるとは限らない**からです。たとえば，先ほどの例「n が 4 の倍数ならば，n は 2 の倍数である」を考えます。この命題は真です。しかし，この命題の逆「n が 2 の倍数ならば，n は 4 の倍数である」は偽です。たとえば，6 は 2 の倍数ですが 4 の倍数ではないので，6 がこの命題の反例になっています。

そこで，「P ならば Q」の形の命題が真であるときに，その逆も真であるかどうかを調べることが問題となります。以下でこのような問題の例を 2 つ挙げましょう。

1 つ目は，整数の偶奇性に関する例です。n は整数を表す文字とします。このとき，「n が偶数ならば，n^2 は偶数である」という命題は真です。では，この逆はどうでしょうか。

> **例題 4.7**　「n^2 が偶数ならば，n は偶数である」という命題は真か偽か。

答えは真です。その証明には 7.1 節で説明する「対偶の利用」という手法を使うので，この例題の解答はそれまで保留します。

2 つ目は，四角形のある性質についての例です。四角形 ABCD において，辺 AB, BC, CD, DA の中点を順に P,Q,R,S とします（図 4.4）。このとき，四角形 ABCD が長方形ならば，線分 PR と線分 QS は垂直に交わります（図 4.5）。

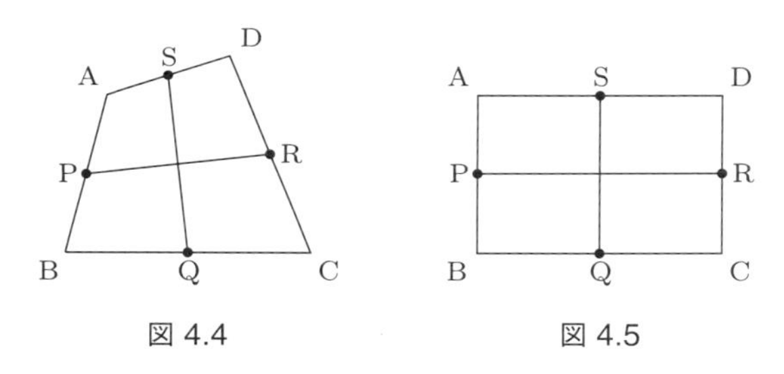

図 4.4　　図 4.5

では，この命題の逆は真でしょうか。

例題 4.8　四角形 ABCD について，辺 AB, BC, CD, DA の中点を順に P, Q, R, S とする。このとき，「線分 PR と線分 QS が垂直に交わるならば，四角形 ABCD は長方形である」という命題は真か偽か。

答えは偽です。図 4.6 のように，辺 AD と辺 BC が平行で，辺 AB と辺 CD の長さは等しいが平行でないとき，線分 PR と線分 QS は垂直に交わりますが，四角形 ABCD は長方形ではありません。このような反例があるので，例題 4.8 の命題は偽です。

以上のように，「ならば」を含む真の命題があれば，その逆の真偽を考えることが新しい問題となります。証明問題の多くは「P ならば Q」の形の命題を証明することが目的ですので，そこから逆を考える問題をつくるのは易しいでしょう。

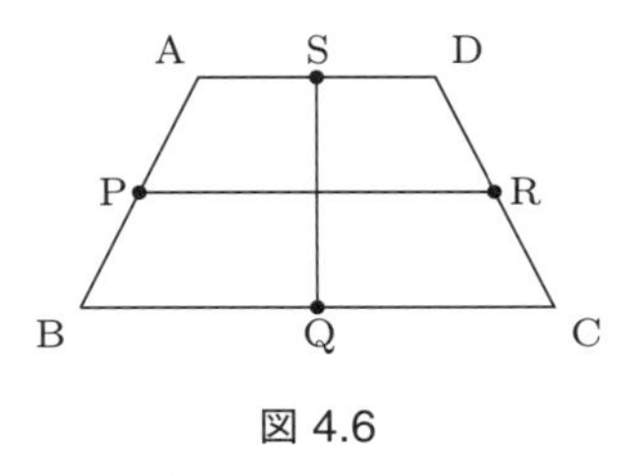

図 4.6

4.4 ほかの事項と関連づける

数学では，ある分野の研究で得られた結果を，別の分野の研究と関連づける問題がよく考えられています。ここでは，そのような考察の雛形として，座標平面上の三角形の面積の公式を，4.1 節で述べたヘロンの公式を使って導出してみましょう。

座標平面上に三角形を取ります。ここでは計算を簡単にするために，1 つの頂点が原点となるように三角形を平行移動しておきます。平行移動しても三角形の面積は変わらないので，この場合に公式をつくっておけば十分です。

以上の設定のもとで，私たちの問題をきちんと書き下すと次のようになります。

例題 4.9　座標平面上で原点 $\mathrm{O}(0,0)$ と，点 $\mathrm{A}(x_1,y_1)$, $\mathrm{B}(x_2,y_2)$ のなす三角形 OAB を考える（図 4.7）。この三角形の面積を，ヘロンの公式を使って計算せよ。

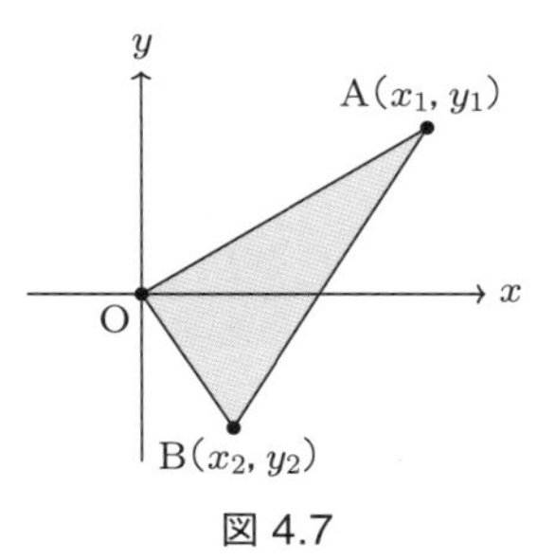

図 4.7

三角形 OAB の面積を S とし，3 つの辺の長さを $\mathrm{AO}=a$, $\mathrm{BO}=b$, $\mathrm{AB}=c$ とします。このとき，$s=(a+b+c)/2$ とすると，ヘロンの公式から

$$S^2=s(s-a)(s-b)(s-c)$$

です。この右辺に $s=(a+b+c)/2$ を代入すると，

$$S^2=\frac{1}{16}(a+b+c)(-a+b+c)(a-b+c)(a+b-c)$$

となります。この右辺の 4 つのカッコの積の順序を変えて，

$$(a+b+c)(a+b-c)\times(-a+b+c)(a-b+c)$$

と見ます。まず，最初の 2 つの積は

$$\begin{aligned}(a+b+c)(a+b-c)&=\{(a+b)+c\}\{(a+b)-c\}\\&=(a+b)^2-c^2=a^2+2ab+b^2-c^2\end{aligned}$$

となります。次に，残りの積は

$$\begin{aligned}(-a+b+c)(a-b+c)&=\{c-(a-b)\}\{c+(a-b)\}\\&=c^2-(a-b)^2=c^2-a^2-b^2+2ab\end{aligned}$$

です。以上より，

$$S^2=\frac{1}{16}(a^2+2ab+b^2-c^2)(c^2-a^2-b^2+2ab)$$

です。さらにこの右辺の積を計算すると，

$$\begin{aligned}&(a^2+2ab+b^2-c^2)(c^2-a^2-b^2+2ab)\\&=\left\{2ab+(a^2+b^2-c^2)\right\}\left\{2ab-(a^2+b^2-c^2)\right\}\\&=(2ab)^2-(a^2+b^2-c^2)^2\\&=4a^2b^2-(a^2+b^2-c^2)^2\end{aligned}$$

です。したがって，三角形 OAB の面積 S の 2 乗は

$$S^2 = \frac{1}{16}\left\{4a^2b^2 - (a^2 + b^2 - c^2)^2\right\}$$

と表されます。

以上のように変形しておいて，右辺の $4a^2b^2$ と $(a^2 + b^2 - c^2)^2$ を，座標を使って表しましょう。$\mathrm{AO} = a$, $\mathrm{BO} = b$, $\mathrm{AB} = c$ でしたから，

$$\begin{aligned}
a &= \sqrt{(x_1 - 0)^2 + (y_1 - 0)^2} = \sqrt{x_1^2 + y_1^2}, \\
b &= \sqrt{(x_2 - 0)^2 + (y_2 - 0)^2} = \sqrt{x_2^2 + y_2^2}, \\
c &= \sqrt{(x_1 - x_2)^2 + (y_1 - y_2)^2}
\end{aligned}$$

です[3)]。よって，まず $4a^2b^2$ は

$$4a^2b^2 = 4(x_1^2 + y_1^2)(x_2^2 + y_2^2)$$

です。次に，$(a^2 + b^2 - c^2)^2$ は

$$\begin{aligned}
a^2 + b^2 - c^2 &= (x_1^2 + y_1^2) + (x_2^2 + y_2^2) - (x_1 - x_2)^2 - (y_1 - y_2)^2 \\
&= x_1^2 + y_1^2 + x_2^2 + y_2^2 - (x_1^2 - 2x_1x_2 + x_2^2) \\
&\quad - (y_1^2 - 2y_1y_2 + y_2^2) \\
&= 2(x_1x_2 + y_1y_2)
\end{aligned}$$

であることから，

$$(a^2 + b^2 - c^2)^2 = \{2(x_1x_2 + y_1y_2)\}^2 = 4(x_1x_2 + y_1y_2)^2$$

と計算できます。したがって，

---

3) 座標平面上の 2 点 $(p_1, q_1), (p_2, q_2)$ の間の距離は $\sqrt{(p_1 - p_2)^2 + (q_1 - q_2)^2}$ と表されます。

$$
\begin{aligned}
&4a^2b^2 - (a^2 + b^2 - c^2)^2 \\
&= 4(x_1^2 + y_1^2)(x_2^2 + y_2^2) - 4(x_1x_2 + y_1y_2)^2 \\
&= 4(x_1^2x_2^2 + x_1^2y_2^2 + y_1^2x_2^2 + y_1^2y_2^2) \\
&\quad - 4(x_1^2x_2^2 + 2x_1x_2y_1y_2 + y_1^2y_2^2) \\
&= 4(x_1^2y_2^2 - 2x_1y_2y_1x_2 + y_1^2x_2^2) \\
&= 4(x_1y_2 - y_1x_2)^2
\end{aligned}
$$

となります。以上より，

$$
\begin{aligned}
S^2 &= \frac{1}{16} \cdot 4(x_1y_2 - y_1x_2)^2 = \frac{1}{4}(x_1y_2 - y_1x_2)^2 \\
&= \left\{ \frac{1}{2}(x_1y_2 - y_1x_2) \right\}^2
\end{aligned}
$$

です。したがって，

$$
S = \left| \frac{1}{2}(x_1y_2 - y_1x_2) \right| = \frac{1}{2}\left| x_1y_2 - y_1x_2 \right|
$$

です[4)]。これで例題 4.9 の解答は終わりです。

例題 4.9 で得られた結果を，公式として書いておきましょう。

> 原点 O(0, 0) と，点 A(x_1, y_1), B(x_2, y_2) のなす三角形 OAB の面積 S は
>
> $$S = \frac{1}{2}\left| x_1y_2 - y_1x_2 \right|$$
>
> と表される。

この公式が正しいことを，具体例で確認してみます。

---

4) 右辺の縦棒は絶対値を表します。$a \geq 0$ のとき $|a| = a$ で，$a < 0$ のときは $|a| = -a$ です。いずれの場合も $\sqrt{a^2} = |a|$ が成り立ちます。

図 4.8 のように 2 点 A$(2,4)$, B$(3,1)$ を取り，三角形 OAB の面積を計算します。

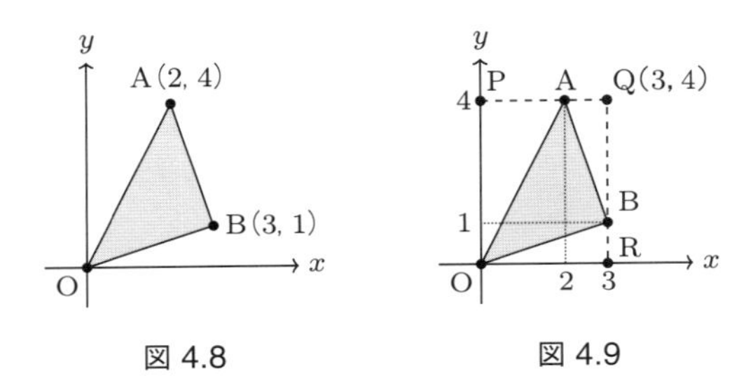

図 4.8　　図 4.9

まず，例題 4.9 で得られた公式を使わずに計算します。図 4.9 のように点 P$(0,4)$, Q$(3,4)$, R$(3,0)$ を取って，三角形 OAB を長方形 OPQR で囲みます。三角形 OAB の面積を求めるには，長方形 OPQR の面積から，まわりの 3 つの直角三角形 OPA, AQB, BRO の面積を引けばよいです。長方形 OPQR の面積は $4 \times 3 = 12$ です。三角形 OPA の面積は $4 \times 2 \times 1/2 = 4$, 三角形 AQB の面積は $3 \times 1 \times 1/2 = 3/2$, 三角形 BRO の面積は $3 \times 1 \times 1/2 = 3/2$ です。したがって，三角形 OAB の面積は

$$12 - \left(4 + \frac{3}{2} + \frac{3}{2}\right) = 12 - 7 = 5$$

です。

一方で，先ほど証明した公式 $S = |x_1 y_2 - y_1 x_2|/2$ を使うと，点 A, B の座標はそれぞれ $(2,4), (3,1)$ ですから，$x_1 = 2$, $y_1 = 4$, $x_2 = 3$, $y_2 = 1$ を代入して

$$S = \frac{1}{2}|2 \times 1 - 4 \times 3| = \frac{1}{2} \times |-10| = \frac{1}{2} \times 10 = 5$$

となって，前段落の計算結果とたしかに一致します。

ヘロンの公式は，三角形の 3 辺の長さを使って面積を計算する

公式で，三角形が座標平面上になくても使えます。それを座標平面上の三角形に適用して，面積を頂点の座標を使って書くと，公式 $S = |x_1y_2 - y_1x_2|/2$ が得られます。このように，ある結果をほかの事項と関連づけて調べるのは，数学の研究において標準的な問題の立てかたです。

第 2 部

数学の技法

5　場合分け

第 2 部では，数学の問題を解くときによく使われる独特の手法を紹介します。まず，この章では場合分けについて説明します。場合分けの考えかたは中学校の数学でも扱いますが，ここでその意味と使いかたを復習しましょう。

5.1　どのようなときに使うのか

2.2 節で解答を保留していた例題 2.5 (2) を考えましょう。改めて問題を書きます。

> **例題 5.1**　n が 3 の倍数でないとき，n^2+1 を 3 で割った余りは 2 であることを示せ。

この問題は証明問題です。仮定は「n が 3 の倍数でない」ことで，結論は「n^2+1 を 3 で割った余りは 2 である」ことです。ここで少し難しいのは，「n が 3 の倍数でない」という仮定を，どのようにして文字式で表すかです。

26〜27 ページ（2.2 節）では，「n が 3 の倍数であるときに n^2+1 を 3 で割った余りは 1 であること」を証明しました。このときは，仮定が「n が 3 の倍数である」ですから，$n=3k$（ただし k は整数）と表せて，これを n^2+1 に代入すれば 3 で割った余りが 1 となることが証明できました。しかし，例題 5.1 の仮定「n が 3 の倍数でない」を，たとえば「$n \neq 3k$（ただし k は整数）」と書いてみても，n と $3k$ が異なるのであれば n^2+1 の n に $3k$ を代入できないので，意味がありません。

このように，問題で設定された状況を一度に扱うのが難しいとき，いくつかの特定の場合に分けて考察します。この考えかたを**場合分け**とよびます。場合分けをする利点は，問題で与えられた条件に加えて，場合を指定する条件が使えるようになるので，問題が解きやすくなることにあります。

では，場合分けの考えかたを使って，例題 5.1 を解きましょう。「n が 3 の倍数でない」という仮定から，n を 3 で割った余りは 1 か 2 のどちらかです。そこで，n を 3 で割った余りが 1 である場合と，2 である場合のそれぞれについて考えます。

まず，n を 3 で割った余りが 1 の場合です。このとき $n = 3k+1$（ただし k は整数）と表されます。すると，

$$n^2+1 = (3k+1)^2+1 = 9k^2+6k+2$$

です。ここで，$9k^2 = 3\cdot(3k^2)$, $6k = 3\cdot(2k)$ であることを使って右辺を書き直すと，

$$n^2+1 = 3(3k^2+2k)+2$$

となります。k は整数ですから，$3k^2+2k$ も整数です。よって $3(3k^2+2k)$ は 3 の倍数です。したがって，上の等式から n^2+1 を 3 で割った余りは 2 です。

次に，n を 3 で割った余りが 2 の場合を考えます。この場合は $n = 3k+2$（ただし k は整数）と表されて，前段落と同様に計算すると

$$n^2+1 = (3k+2)^2+1 = 3(3k^2+4k+1)+2$$

と表されることがわかります。k は整数ですから，$3k^2+4k+1$ も整数です。よって，n^2+1 は 3 の倍数 $3(3k^2+4k+1)$ に 2 を加えたものですから，n^2+1 を 3 で割った余りは 2 です。

以上より，n を 3 で割った余りが 1 の場合も 2 の場合も，余りは 2 であることがわかりました。よって，n が 3 の倍数でないとき，n^2+1 を 3 で割った余りは 2 です。

上の解答で，場合分けがどのようにはたらいたのか，振り返って確認しましょう。例題 5.1 の仮定は「n が 3 の倍数でない」でした。しかし，この仮定をそのまま文字式で表しても，n^2+1 は計算できません。そこで，「余りが 1」と「余りが 2」の 2 つの場合に分けます。すると，これらの条件は $n=3k+1$ もしくは $n=3k+2$ と表せて，n^2+1 を具体的に計算できるようになります。このように，考えるべき状況を細かく分けて，それぞれの場合を指定する条件を利用して問題を解くのが，場合分けの方法です。

5.2 場合の分けかた

さて，場合分けをするときには，場合に分ける基準の設定が問題となります。例題 5.1 では，n を 3 で割った余りを基準として場合分けをしました。このような基準をいかにして決めるのかが問題なのです。

場合分けの基準を見つけるためには，多くの具体例を観察して，同じ考え方がどの範囲まで適用できるかを調べるとよいでしょう。例題を 1 つ挙げます。

> **例題 5.2** a は定数とする。$1-2a, 1-a, 1, 1+a, 1+2a$ のうち，最も大きいのはどれか。

問題で与えられている条件は，a が定数であることだけです。これだけでは $1-2a, 1-a, 1, 1+a, 1+2a$ のどれが最大か，決めようがありません。そこで場合分けが必要ですが，その基準を見つけるために，a に具体的な値を代入して調べてみます。

まず，$a=1$ としてみましょう。このとき，5 つの値 $1-2a, 1-a, 1, 1+a, 1+2a$ を計算すると，順に $-1, 0, 1, 2, 3$ となります。このうち最も大きいのは 3 なので，$a=1$ のときには $1+2a$ が最大です。次に，$a=2$ としてみると，5 つの値が $-3, -1, 1, 3, 5$ となって，この場合も $1+2a$ が最大です。以上の 2 つの例では，どちらも $1+2a$ が最大となりました。では，いつでも $1+2a$ が最大でしょうか。

5 つの値の式 $1-2a, 1-a, 1, 1+a, 1+2a$ をよく見ると，順に a を足したものになっていることに気づくでしょう。つまり，最初の $1-2a$ に a を足すと $1-a$ となり，次の $1-a$ に a を足すと 1 となります。以下も同様です。

$$1-2a \xrightarrow{+a} 1-a \xrightarrow{+a} 1 \xrightarrow{+a} 1+a \xrightarrow{+a} 1+2a$$

よって，5 つの値は a ずつ増えていくので，$1+2a$ が最大だと言えそうです。

しかし，これで正しいでしょうか。少し考えてみてください。

注意しなければならないのは，負の数を足すと値は小さくなることです。たとえば，100 に -30 を足すと $100+(-30)=70$ ですから，100 から 70 に減ってしまいます。よって，「a を足していくので値は大きくなる」という議論ができるのは，a が正の数の場合だけで，このときはたしかに $1+2a$ が最大です。

では，a が負の数の場合は，どれが最大となるでしょうか。たとえば，$a=-2$ の場合であれば，$1-2a, 1-a, 1, 1+a, 1+2a$ の

値は順に $5, 3, 1, -1, -3$ となります。このうち最大なのは最初の 5 ですから，$a = -2$ のときは $1 - 2a$ が最大となります。このように，a が負の数の場合には，a を足すと値は小さくなるので，最初の $1 - 2a$ が最大となるのです。

ここまでの議論で，a が正の数のときは $1 + 2a$ が最大で，a が負のときは $1 - 2a$ が最大であるとわかりました。しかし，まだ考えるべきことが残っています。それは a が 0 の場合です。この場合は，a を足しても値は変わらず，5 つの値 $1-2a, 1-a, 1, 1+a, 1+2a$ がすべて 1 となりますので，これらのどの値も最大となります。よって，最大となるのは 5 つの値すべてです。

以上の解答では，「a が正のとき」「a が負のとき」「a が 0 のとき」という場合分けが必要でした。この場合分けは，「a を足したときに値がどうなるか」に関する議論の内容の違いを反映しています。a が正のときは a を足すと値が増えて，a が負のときは減る。そして，a が 0 のときは変わりません。このことは，a に具体的な値を代入して調べてみれば気づくでしょう。

このように，具体例を観察して，答えを導くための議論がどの程度の範囲まで適用できるかを考えると，場合分けの基準が見つかります。

5.3 積み重ね型の場合分け

前節までの例では，場合分けの議論が次の形をしていました。

- 場合 A のときは $\cdots$
- 場合 B のときは $\cdots$
- 場合 C のときは $\cdots$

このように，それぞれの場合について独立に議論を進める場合分けを，本書では**横並び型**とよぶことにします。場合分けの議論には，横並び型のほかに，もう 1 つ別の型があります。それは次のようなものです。

- 場合 A' のときは $\cdots$
- 場合 B' のときは，場合 A' の結果を使って $\cdots$
- 場合 C' のときは，場合 B' の結果を使って $\cdots$

ここでは，最初の場合 A' から始めて，得られた結果を次々と使って順に議論を進めています。このような議論を，本書では**積み重ね型**の場合分けとよぶことにします[1]。

図 5.1 は，横並び型と積み重ね型の 2 種類の議論の形を表したものです。横並び型の場合分けでは，図 5.1 の左のように，A, B, C の 3 つの場合についてそれぞれ独立に議論が進みます。一方で，積み重ね型の場合分けでは，図 5.1 の右のように，場合 A' の後に場合 B'，その後に場合 C' と議論が進みます。場合 B' の議論ではそれより下にある場合 A' の結果を使い，場合 C' の議論では場合 B' の結果を使って，議論を進めるのです。

横並び型の場合分けは高校までの数学でもよく使われますが，積

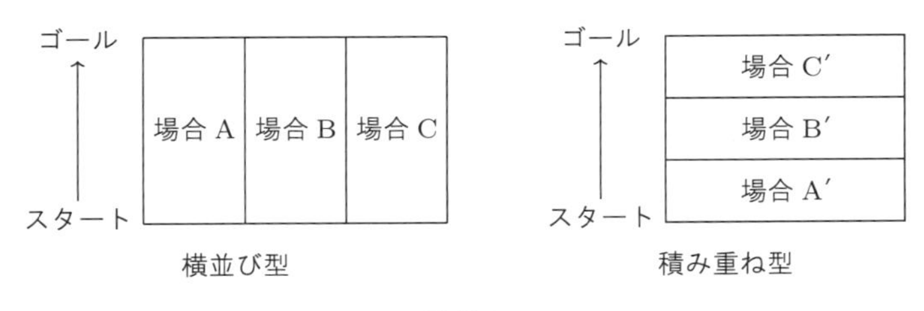

図 5.1

[1] 巻末の参考文献 [8] では，積み重ね型の場合分けを使って問題を解く方法を「山登り法」とよんでいます。一方で，横並び型を使う方法には，特定の呼び名がないようです。本書では 2 つの方法を対置させるために，「山登り法」ではなく「積み重ね型」という言葉を導入しました。

み重ね型の場合分けはあまり見慣れないかもしれません。しかし，数学の研究ではよく使われます。以下で積み重ね型の場合分けを使う問題の例を挙げたいのですが，そのための準備として，数列とその一般項について説明します。

数列とその一般項　**数列**とは，その名のとおり，数を一列に並べた列のことです。数学では無限個の数が並んだ数列を主に考えます。たとえば，正の偶数を小さいほうから順に並べてできる列

$$2, 4, 6, 8, 10, 12, 14, 16, 18, 20, 22, \ldots$$

は数列の例です。数列は左から右に数が並んでいると見て，先頭の数を第 1 項，2 番目の数を第 2 項，3 番目の数を第 3 項，... とよびます。第 1 項のことを**初項**とも言います。たとえば，上の数列の初項は 2 で，第 4 項は 8，第 5 項は 10 です。

数列を文字で表すときには，添字を使って

$$a_1, a_2, a_3, a_4, a_5, \ldots$$

のようにします[2]。この数列を $\{a_n\}_{n=1}^{\infty}$ という記号で表します。この記号の右下にある「$n = 1$」は，添字 n の動く範囲が 1 から始まること，右上の ∞ は，添字 n が無限に大きくなること（よって無限に続く数列であること）を意味します。数列を表す文字は a でなくてもかまいません。たとえば，数列 $\{B_n\}_{n=1}^{\infty}$ と書けば $B_1, B_2, B_3, B_4, B_5, \ldots$ という数列を考えていることになります。

上の記法を使うと，規則性のある数列を簡単に記述できます[3]。たとえば，「$a_n = n^2\,(n = 1, 2, 3, \ldots)$ で定まる数列 $\{a_n\}_{n=1}^{\infty}$」と言えば

---

[2] 添字を使う記法については，199～200 ページ（付録）を参照してください。

[3] 単に数列と言うときには，数の並べ方に規則性がなくてもかまいません。

$$a_1 = 1^2 = 1, \quad a_2 = 2^2 = 4, \quad a_3 = 3^2 = 9, \quad a_4 = 4^2 = 16, \quad \ldots$$

を意味するので，この数列は整数の 2 乗を並べた数列 1, 4, 9, 16, 25, 36, 49, ... です。このように，すべての n について a_n を定める式があれば，数列がただ 1 通りに定まります。この n の式を数列 $\{a_n\}_{n=1}^{\infty}$ の**一般項**と言います。たとえば，正の奇数を並べた数列 1, 3, 5, 7, 9, 11, 13, ... を $\{a_n\}_{n=1}^{\infty}$ とするとき，一般項は $a_n = 2n - 1$ です。

以上を踏まえて，次の問題を考えましょう。

例題 5.3　数列 $\{a_n\}_{n=1}^{\infty}$ について，次の 2 つの条件が成り立っている。

(i) $a_1 = 1, a_2 = 2$ である。
(ii) k, ℓ が正の整数ならば $a_{2k+\ell} = a_{2k} + a_\ell$ が成り立つ。

このとき，すべての正の整数 n について $a_n = n$ であることを示せ。

解きかたを考える前に，問題の主張が正しいこと，すなわち $a_1 = 1, a_2 = 2, a_3 = 3, a_4 = 4, \ldots$ という等式がすべて成り立つことを，具体例で確認しましょう。

始めの 2 つの等式 $a_1 = 1$ と $a_2 = 2$ は，問題の条件 (i) からただちにわかります。では，3 番目の等式 $a_3 = 3$ はどうでしょうか。条件 (ii) より，k, ℓ が正の整数のとき $a_{2k+\ell} = a_{2k} + a_\ell$ が成り立つのですから，とくに k と ℓ がともに 1 のときも成り立ちます[4)]。このとき，$2k + \ell = 2 \cdot 1 + 1 = 3$ ですから，$a_3 = a_2 + a_1$ です。この

4) 異なる文字が同じ値を取ることは許されます。200〜202 ページ（付録）を参照してください。

等式と条件 (i) から

$$a_3 = a_2 + a_1 = 2 + 1 = 3$$

となり，$a_3 = 3$ であることがわかります。

次に，a_4 の値を考えます。上と同様に，条件 (ii) において $k = 1, \ell = 2$ とすれば，$a_{2\cdot 1+2} = a_{2\cdot 1} + a_2$，すなわち $a_4 = a_2 + a_2$ となるので，条件 (i) と合わせて

$$a_4 = a_2 + a_2 = 2 + 2 = 4$$

です。よって，等式 $a_4 = 4$ も成り立ちます。

続いて，a_5 の値を考えましょう。これまでと同様に，条件 (i) と (ii) から $a_5 = 5$ であることがわかるでしょうか。少し考えてみてください。

ここまでの議論を振り返れば，条件 (ii) の等式 $a_{2k+\ell} = a_{2k} + a_\ell$ の左辺を a_5 にすれば求められそうです。そのために，正の整数 k, ℓ を $2k + \ell = 5$ となるように取ります。候補は 2 組あって，$k = 2, \ell = 1$ とするか，$k = 1, \ell = 3$ とするかのいずれかです。ここでは $k = 2, \ell = 1$ としましょう。このとき，条件 (ii) の等式は

$$a_5 = a_{2\cdot 2} + a_1 = a_4 + a_1$$

となります。この右辺には a_4 がありますので，条件 (i) だけでは a_5 の値は決まりません。しかし，すでに $a_4 = 4$ であることはわかっているので，この結果と条件 (i) より

$$a_5 = a_4 + a_1 = 4 + 1 = 5$$

となって，$a_5 = 5$ であることがわかります[5)]。

---

5) k, ℓ として，$k = 1, \ell = 3$ を選べば，条件 (ii) より $a_5 = a_{2\cdot 1} + a_3 = a_2 + a_3$ となるので，条件 (i) の $a_2 = 2$ と，すでに示した $a_3 = 3$ より，やはり $a_5 = 5$ であることがわかります。

以上のような計算を続けていくと，次のことに気づきます。条件 (ii) において ℓ だけを 1 とすれば，k が正の整数のとき $a_{2k+1} = a_{2k} + a_1$ であることがわかります。そして条件 (i) より $a_1 = 1$ ですから，k が正の整数のとき $a_{2k+1} = a_{2k} + 1$ です。よって，もし $a_{2k} = 2k$ であることが証明できれば，

$$a_{2k+1} = a_{2k} + 1 = 2k + 1$$

であるといえます。これは，「n が偶数のときに $a_n = n$ であることが証明できれば，n が奇数のときにも $a_n = n$ であるといえる」ことを意味します。よって，例題 5.3 では次の積み重ね型の場合分けが使えそうです。

- n が偶数の場合に証明する。
- n が奇数の場合は，偶数の場合に正しいことを使って証明する。

この場合分けを使って解答を書いてみましょう。

例題 5.3 の解答　すべての正の整数 n について，$a_n = n$ であることを証明する。n の偶奇に関して場合分けをする。

(a) n が正の偶数のとき　$n = 2$ のときは，条件 (i) より $a_2 = 2$ である。そこで，n が 4 以上の偶数であるときを考える。$n = 2m$ となる 2 以上の整数 m が取れる。条件 (ii) において $k = m - 1$, $\ell = 2$ とすれば，

$$a_{2m} = a_{2(m-1)+2} = a_{2(m-1)} + a_2 = a_{2(m-1)} + 2$$

であることがわかる。上の変形では，条件 (i) より $a_2 = 2$ であることを使った。$(m-1)$ が 2 以上のときは，上の関係式で m を $(m-1)$ で置き換えたものも成り立つから，

$$a_{2(m-1)} = a_{2(m-2)} + 2$$

である。これを繰り返せば，

$$
\begin{aligned}
a_{2m} &= a_{2(m-1)} + 2 = a_{2(m-2)} + 2 + 2 = a_{2(m-3)} + 2 + 2 + 2 \\
&= \cdots \\
&= a_{2\cdot 2} + \underbrace{2 + 2 + \cdots + 2}_{(m-2)\text{ 個}} = a_2 + \underbrace{2 + 2 + 2 + \cdots + 2}_{(m-1)\text{ 個}}
\end{aligned}
$$

となる。条件 (i) より $a_2 = 2$ であるから，右辺は

$$
2 + \underbrace{2 + 2 + 2 + \cdots + 2}_{(m-1)\text{ 個}} = 2m
$$

であるので，$a_{2m} = 2m$ が成り立つ。よって，n が 4 以上の偶数のときも $a_n = n$ である。以上より，n が正の偶数のとき $a_n = n$ が成り立つ。

(b) n が正の奇数のとき　　$n = 1$ のときは，条件 (i) より $a_1 = 1$ である。そこで，n が 3 以上の奇数である場合を考える。$n = 2k + 1$ となる正の整数 k が取れる。このとき，条件 (ii) で $\ell = 1$ とした等式を使って，

$$
a_n = a_{2k+1} = a_{2k} + a_1
$$

であることがわかる。ここで，$2k$ は正の偶数であるから，(a) の結果から $a_{2k} = 2k$ が成り立つ。そして，条件 (i) より $a_1 = 1$ であるので，

$$
a_n = a_{2k} + a_1 = 2k + 1
$$

である。$n = 2k + 1$ であるから $a_n = n$ である。したがって，n が正の奇数のときも $a_n = n$ が成り立つ。

以上より，すべての正の整数 n について $a_n = n$ が成り立つ。

上の解答例では，積み重ね型の場合分けを使いましたが，横並び型の場合分けでも証明はできます。条件 (ii) で $k = 1$ とした等式 $a_{2+\ell} = a_2 + a_\ell$ から，すべての正の整数 ℓ について $a_{\ell+2} = a_\ell + a_2 = a_\ell + 2$ であることがわかります。このことを使えば，n が奇数の場合でも，上の解答例の (a) で行ったのと同様に，

$$\begin{aligned} a_{2m-1} &= a_{2m-3} + 2 = a_{2m-5} + 2 + 2 = \cdots \\ &= a_1 + \underbrace{2 + 2 + \cdots + 2}_{(m-1)\,\text{個}} = 2m - 1 \end{aligned}$$

と計算できます。ただし，この方針で証明するなら，n が偶数の場合と奇数の場合で同様の計算を 2 回行わなければなりません。一方で，上の解答例では積み重ね型の場合分けを使って，計算を 1 回で済ませています。このように，横並び型の場合分けで証明できるときでも，少し工夫して積み重ね型の場合分けに書き直すと，議論を簡単にできることがあります。

また，横並び型と積み重ね型の場合分けは，組み合わせて使われることもよくあります。たとえば，上の例題 5.3 の解答例でも，2 つの場合分けを組み合わせて使っています。解答例の (a) では，$n = 2$ の場合と n が 4 以上の場合に分けて，独立に議論しています。(b) でも，$n = 1$ の場合と n が 3 以上の場合の 2 つに分けています。これらは横並び型の場合分けです。このように，必要に応じて 2 種類の場合分けを組み合わせて使うことが多いのです。

5.4　場合分けで注意すべきこと

さて，横並び型であれ積み重ね型であれ，場合分けをするときには，**すべての場合を尽くすように場合分けを設定しなければなりません**。次の例題を考えましょう。

例題 5.4　3 ケタの正の整数で，各位の数が 1, 2, 3, 4 のいずれかであるものを考える（たとえば，123, 221, 413 など）。このような数のなかで，百の位を除いた 2 ケタの数が，一の位を除いた 2 ケタの数の倍数であるものをすべて求めよ（たとえば 123 は，23 が 12 の倍数ではないのでこの条件を満たさない）。

この問題に対する答案例を以下に書いてみます。この答案の議論には不十分なところがあるのですが，それはどこでしょうか。

例題 5.4 の（不十分な）答案例　3 ケタの正の整数に関する次の 2 つの条件を考える。

A：各位の数が 1, 2, 3, 4 のいずれかである。
B：百の位を除いた 2 ケタの数が，一の位を除いた 2 ケタの数の倍数である。

これらをともに満たすものを求めればよい。百の位と十の位の数の大小関係について場合分けをして考える。

まず，421 のように，百の位の数が，十の位の数よりも大きい場合を考える。このとき，百の位を除いた 2 ケタの数は，一の位を除いた 2 ケタの数よりも小さい（421 の場合であれば，21 は 42 より小さい）。よって，この場合は条件 B が満たされない。

次に，百の位の数が十の位の数よりも小さい場合を考える。このような整数のうち，条件 A も満たすものは，百の位と十の位の並びが 12, 13, 14, 23, 24, 34 のいずれかである。それぞれの場合について，条件 B を満たすものを探す。

- 12 の場合について，2 ケタの 12 の倍数で十の位が 2 のものは 24 である。よって，条件 B を満たすものは 124 のみで，これは条件 A も満たしている。

- 13 の場合について，2 ケタの 13 の倍数で十の位が 3 のものは 39 である。よって，条件 B を満たすものは 139 のみであるが，これは条件 A を満たさない。
- 14 の場合について，2 ケタの 14 の倍数で十の位が 4 のものは 42 である。よって，条件 B を満たすものは 142 のみで，これは条件 A も満たしている。
- 24 の場合について，上と同様に考えると，条件 B を満たすのは 248 のみである。しかし，これは条件 A を満たさない。
- 23 の場合について，2 ケタの 23 の倍数で十の位が 3 のものはない。34 の場合についても同様に，2 ケタの 34 の倍数で十の位が 4 のものはない。よって，これらの場合に条件 B を満たすものは存在しない。

以上より，求める 3 ケタの正の整数は 124 と 142 である。

この答えのどこが不十分なのでしょうか。

答案の後半では，6 つの場合について考察していますが，ここに問題はありません。問題があるのは，はじめの大枠の場合分けです。上の答案では，百の位の数が十の位の数よりも大きい場合と，小さい場合に分けて考えています。しかし，これではすべての場合が尽くせていません。百の位と十の位が等しい場合が除外されているからです。

では，この場合の考察を補いましょう。百の位が十の位と等しく，条件 A も満たす 3 ケタの正の整数は，百の位と十の位の並びが $11, 22, 33, 44$ のいずれかです。2 ケタの 11 の倍数で十の位が 1

のものは 11 そのものですから，111 が問題文の条件を満たします。同様に，$222, 333, 444$ も条件を満たします。よって，上の答案例の議論で得られた答え 124 と 142 に，百の位と十の位が等しい場合の答え $111, 222, 333, 444$ を合わせた 6 つの整数が，例題 5.4 の答えとなります。

以上のように，場合分けの議論において，特定の場合の考察が抜けていると，正しい答えが得られません。場合分けをするときには，自分の設定した場合分けですべての場合を尽くしているかどうかを，必ず確認しなければならないのです。

6　数学的帰納法

この章では，数学的帰納法とよばれる論法について説明します。数学的帰納法は高校で学ぶ内容ですが，考えかたそのものはそれほど難しくありません。この本の第 3 部では数学的帰納法が重要な役割を果たしますので，ここで詳しく説明します。

6.1　どのようなときに使うのか

数学的帰納法は，ある主張がすべての正の整数について正しいことを証明するときによく使われる論法です。次の例題を見てください。

例題 6.1　n が正の整数のとき，等式

$$(\star)\ 1^2 + 2^2 + 3^2 + \cdots + (n-1)^2 + n^2 = \frac{1}{6}n(n+1)(2n+1)$$

が成り立つことを示せ。

この例題で証明すべきことは，すべての正の整数 n について等式 $(\star)$ が成り立つこと，すなわち，$(\star)$ に $n = 1, 2, 3, \ldots$ を代入した等式

$$1^2 = \frac{1}{6} \cdot 1 \cdot (1+1) \cdot (2 \cdot 1 + 1)$$

$$1^2 + 2^2 = \frac{1}{6} \cdot 2 \cdot (2+1) \cdot (2 \cdot 2 + 1)$$

$$1^2 + 2^2 + 3^2 = \frac{1}{6} \cdot 3 \cdot (3+1) \cdot (2 \cdot 3 + 1)$$
$$\vdots$$

がすべて正しいことです。しかし，ここには証明すべき等式が無限個あります。両辺を計算して等しいことを順に確認していっても，等式が無限個ある以上，すべてを証明することは決してできません。このようなときに数学的帰納法が使われます。

6.2　数学的帰納法の考えかた

数学的帰納法がどのような論法なのか，前節の例題 6.1 を使って説明します。等式 $(\star)$ の n を $1, 2, 3, \ldots$ としたものが成り立つという命題を，順に $P(1)$, $P(2)$, $P(3)$, ... と名づけます[1]。すなわち，

$$\begin{aligned} P(1):&\quad 1^2 = \frac{1}{6} \cdot 1 \cdot (1+1) \cdot (2 \cdot 1 + 1) \text{ である。} \\ P(2):&\quad 1^2 + 2^2 = \frac{1}{6} \cdot 2 \cdot (2+1) \cdot (2 \cdot 2 + 1) \text{ である。} \\ P(3):&\quad 1^2 + 2^2 + 3^2 = \frac{1}{6} \cdot 3 \cdot (3+1) \cdot (2 \cdot 3 + 1) \text{ である。} \\ &\vdots \end{aligned}$$

です。これらがすべて真であることを，次の (1) と (2) を証明することで示すのが**数学的帰納法**です。

> **基本的な数学的帰納法**
> (1) $P(1)$ は真である。
> (2)「$P(k)$ が真であれば $P(k+1)$ も真である」ということが，すべての正の整数 k について正しい。

---

[1]「命題」という言葉の意味については，64 ページ（4.3 節）を参照してください。

まず，(1) から

(a) $P(1)$ は真である

と言えます。そして，(2) のカギカッコの内容が $k=1$ のときに正しいことから，

(b) $P(1)$ が真であれば $P(2)$ も真である

ということもわかっています。よって，(a) と (b) より

(c) $P(2)$ は真である

ことが結論づけられます[2)]。続けて，(2) で $k=2$ とすれば

(d) $P(2)$ が真であれば $P(3)$ も真である

ということもわかっているので，(c) と (d) より

(e) $P(3)$ は真である

と言えます。さらに，(2) で $k=3$ として

(f) $P(3)$ が真であれば $P(4)$ も真である

ということが正しいので，(e) と (f) から $P(4)$ は真であるといえます。これを繰り返して，$P(1), P(2), P(3), \ldots$ のすべてが正しいと言えるのです。

以上の議論の流れは図 6.1 のように表されます。(1) の「$P(1)$ は真である」から始まり，(2) で $k=1,2,3,\ldots$ とした条件が繰り返しはたらいて，命題 $P(1), P(2), P(3), \ldots$ は真であることが順々に導かれます。これが数学的帰納法の仕組みです。ここで，(2) にお

---

2) これは，34～35 ページ（2.3 節）で説明した三段論法の一種です。

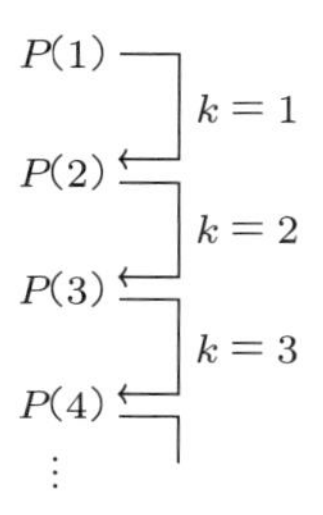

図 6.1 基本的な数学的帰納法

ける仮定「$P(k)$ が真であれば」を**帰納法の仮定**とよびます。数学的帰納法で証明するときには，帰納法の仮定をうまく使うことがポイントです。

では，実際に数学的帰納法を使って，例題 6.1 の等式 $(\star)$ を証明してみましょう。正の整数 n に対する命題

$$1^2+2^2+3^2+\cdots+(n-1)^2+n^2=\frac{1}{6}n(n+1)(2n+1)$$

である

を $P(n)$ で表します。すべての正の整数 n について $P(n)$ が真であることを，n に関する数学的帰納法で証明します。

(1) <u>$P(1)$ が真であること</u>　命題 $P(1)$ は

$$1^2=\frac{1}{6}\cdot 1\cdot(1+1)\cdot(2\cdot 1+1) \text{ である}$$

です。上の等式の左辺は $1^2=1$ で，右辺は $(1/6)\cdot 1\cdot 2\cdot 3=1$ ですから，たしかにこの等式は成り立ちます。よって $P(1)$ は真です。

(2) <u>すべての正の整数 k について「$P(k)$ が真であれば $P(k+1)$ も真である」こと</u>　正の整数 k を勝手に 1 つ取ります。このとき，私たちが証明すべき命題の仮定は「$P(k)$ が真である」こと，結論は「$P(k+1)$ が真である」ことです。

命題 $P(k+1)$ は，次の 2 つの値が等しいという主張です。

$$A = 1^2 + 2^2 + 3^2 + \cdots + k^2 + (k+1)^2$$
$$B = \frac{1}{6}(k+1)\{(k+1)+1\}\bigl\{2(k+1)+1\bigr\}$$

このことを，帰納法の仮定「$P(k)$ が真である」を使って証明します。$P(k)$ とは，等式

$$(\diamond) \qquad 1^2 + 2^2 + 3^2 + \cdots + k^2 = \frac{1}{6}k(k+1)(2k+1)$$

が成り立つという命題でした。よって，私たちはこの等式 $(\diamond)$ を使えます。そこで，上の値 A に注目しましょう。これは，

$$A = \bigl(1^2 + 2^2 + 3^2 + \cdots + k^2\bigr) + (k+1)^2$$

と書き直せます。右辺のカッコの中は等式 $(\diamond)$ の左辺そのものです。よって，

$$A = \frac{1}{6}\,k(k+1)(2k+1) + (k+1)^2$$

と書き直せます。この右辺は，さらに次のように因数分解されます。

$$\begin{aligned}
&\frac{1}{6}\,k(k+1)(2k+1) + (k+1)^2 \\
&\quad = \frac{1}{6}(k+1)\,\{k(2k+1) + 6(k+1)\} \\
&\quad = \frac{1}{6}(k+1)(2k^2 + 7k + 6) \\
&\quad = \frac{1}{6}(k+1)(k+2)(2k+3)
\end{aligned}$$

ここで，$k+2 = (k+1)+1,\ 2k+3 = 2(k+1)+1$ ですから，

$$A = \frac{1}{6}(k+1)\{(k+1)+1\}\bigl\{2(k+1)+1\bigr\}$$

です。この右辺は B にほかなりません。よって，$A = B$ が成り立

つので命題 $P(k+1)$ は真です。これで，すべての正の整数 k について，$P(k)$ が真であれば $P(k+1)$ も真であることが示せました。

以上の (1), (2) より，すべての正の整数 n について命題 $P(n)$ は真です。これで数学的帰納法による例題 6.1 の解答は終わりです。

1 より大きい整数から始まる数学的帰納法　上で説明した数学的帰納法は，$P(1)$ から始まって $P(2), P(3), \ldots$ と並ぶ命題をすべて証明する論法です。この考えかたは，命題の番号が 1 より大きい整数から始まる場合にも使えます。たとえば，例題 2.3 の解答で証明を保留していた次のことも，数学的帰納法の考えかたで証明できます。

例題 6.2　n が 5 以上の整数のとき，$n^2 < 2^n$ であることを示せ。

この例題では，5 から始まる数学的帰納法を使います。5 以上の整数 n に対して，次の命題 $P(n)$ を考えます。

$P(n)$: $n^2 < 2^n$ である。

このとき，次の 2 つのことを証明すれば，5 以上のすべての整数 n について $P(n)$ は真であるといえます。

(1) $P(5)$ は真である。
(2) 「$P(k)$ が真であれば $P(k+1)$ も真である」ということが，5 以上のすべての整数 k について正しい。

では，この方針で証明してみましょう。

(1) <u>$P(5)$ が真であること</u>　$P(5)$ は「$5^2 < 2^5$ である」という命題です。この不等式の両辺を計算すると $5^2 = 5 \cdot 5 = 25$, $2^5 = 2 \cdot 2 \cdot 2 \cdot 2 \cdot 2 = 32$ となり，25 よりも 32 のほうが大きいので，

$5^2 < 2^5$ が成り立ちます。よって命題 $P(5)$ は真です。

(2) 5 以上のすべての整数 k について「$P(k)$ が真ならば$P(k+1)$も真である」こと　5 以上の整数 k を勝手に 1 つ取ります。2 つの値 A と B を次で定めます。

$$A = (k+1)^2, \quad B = 2^{k+1}$$

このとき，$P(k+1)$ は「$A < B$ である」という命題です。この命題が真であることを，帰納法の仮定を使って証明するのが目標です。

帰納法の仮定は，$P(k)$ が真であること，すなわち $k^2 < 2^k$ が成り立つことです。この不等式の両辺に 2 を掛けて $2k^2 < 2 \cdot 2^k$ を得ます[3)]。この右辺は 2^{k+1} に等しく，これは B にほかなりません。よって $2k^2 < B$ が成り立ちます。したがって，もし $A < 2k^2$ であることが証明できれば，$A < 2k^2 < B$ となるので，示すべき不等式 $A < B$ が得られます。

そこで，不等式 $A < 2k^2$ を証明しましょう。$A = (k+1)^2$ でしたから，

$$A = (k+1)^2 = k^2 + 2k + 1 = k^2 + (2k+1)$$

です。ここで，k は 5 以上の整数であることを使います。このとき，1 よりも k のほうが大きいので $2k+1 < 2k+k = 3k$ です。さらに，3 よりも k のほうが大きく，k は正の数なので $3k < k \cdot k = k^2$ です。したがって，

$$A = k^2 + (2k+1) < k^2 + 3k < k^2 + k^2 = 2k^2$$

となります。よって $A < 2k^2$ が成り立ちます[4)]。

---

3) 一般に，$a < b$ が成り立ち，かつ c が正の数であるとき，$ac < bc$ も成り立ちます。

4) 以上の証明はやや技巧的です。高校で学ぶ 2 次関数の知識を使うと自然に証明できます。k を変数とみなして 2 次関数 $y = 2k^2 - (k+1)^2 = k^2 - 2k - 1$ を考え，この関数のグラフを描くと，$k \geq 5$ の範囲で $y > 0$ であることがわかります。よって，k が 5 以上のとき $2k^2 > (k+1)^2$ です。

以上の議論で，k が 5 以上の整数のとき「$P(k)$ が真ならば $P(k+1)$ も真である」ことが証明できました。これで数学的帰納法による例題 6.2 の解答は終わりです。

6.3　累積帰納法

現代数学で数学的帰納法とよばれる論法には，前節で説明したものよりも強力なバージョンがあります。それは以下のような論法です。

累積帰納法

(1) $P(1)$ は真である。

(2) 「$P(1), P(2), \ldots, P(k)$ のすべてが真であれば，$P(k+1)$ も真である」ということが，すべての正の整数 k について正しい。

この形の論法を**累積帰納法**とよびます。以下では，この累積帰納法と対比させて，前節で説明した形式の数学的帰納法を「基本的な数学的帰納法」とよぶことにします。

累積帰納法の形式は，基本的な数学的帰納法と (2) の部分が違いますが，これでもすべての $P(1)$, $P(2)$, $P(3)$, $\ldots$ は真であることが導かれます。まず，(1) から

(a) $P(1)$ は真である。

そして，(2) のカギカッコの内容が $k=1$ の場合に正しいことから

(b) $P(1)$ が真であれば $P(2)$ も真である。

よって，(a) と (b) より

(c) $P(2)$ は真である

と言えます。ここまでは基本的な数学的帰納法と同じです。次から少し変わります。(a) と (c) から，

(d) $P(1)$ と $P(2)$ は真である

ことがわかっています。そして，(2) で $k = 2$ とした命題

(e) $P(1)$, $P(2)$ のすべてが真であれば，$P(3)$ も真である

が正しいことから，(d) と (e) より

(f) $P(3)$ は真である

と言えます。この (f) と先ほどの (d) を合わせると，

(g) $P(1)$, $P(2)$, $P(3)$ はすべて真である

ことがわかります。そして，(2) で $k = 3$ とした命題

(h) $P(1)$, $P(2)$, $P(3)$ のすべてが真であれば，$P(4)$ も真である

が正しいことから，$P(4)$ も真であるといえます。以下これを繰り返して，すべての $P(1)$, $P(2)$, $P(3)$, ... は真であることがわかるのです。ここでは，(2) で $k = 1, 2, 3, \ldots$ とした条件が，図 6.2 のようにはたらいています。

証明の技法としては，基本的な数学的帰納法よりも累積帰納法のほうが強力です。なぜなら，累積帰納法における帰納法の仮定は「$P(1)$, $P(2)$, ..., $P(k)$ はすべて真である」ことで，基本的な数学的帰納法の仮定「$P(k)$ は真である」よりも，使える条件が増えているからです。そのため，(2) のステップでは累積帰納法のほうが証明しやすいのです。

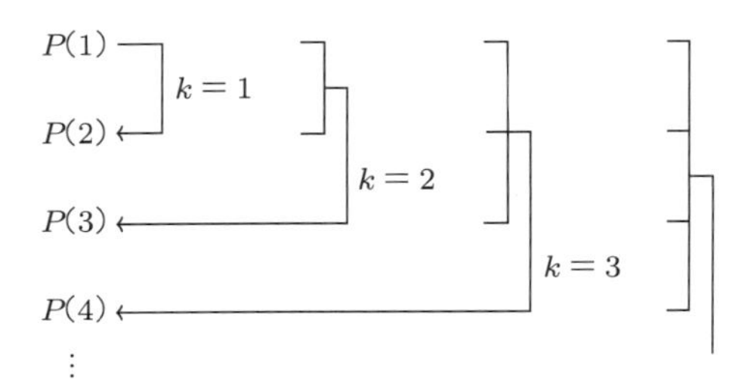

図 6.2　累積帰納法

また，基本的な数学的帰納法と同様に，1 より大きい整数から始まる命題にも累積帰納法は使えます。たとえば「2 以上のすべての整数について命題 $P(n)$ は真である」ことを証明するためには，次の 2 つのことを証明すればよいのです。

(1) $P(2)$ は真である。

(2)「$P(2), P(3), \ldots, P(k)$ のすべてが真であれば，$P(k+1)$ も真である」ということが，すべての 2 以上の整数 k について正しい。

では，この形の累積帰納法を使って，次の例題を解きましょう。

例題 6.3　2 以上のすべての整数は，次の形で表せることを示せ。

$(\star)$　　$p_1 p_2 \cdots p_r$　（r は正の整数，$p_1, \ldots, p_r$ は素数）

証明の前に結論が正しいことを確認します。2 以上の整数を小さいほうから調べると

$$
\begin{array}{llll}
2 = 2 & 3 = 3 & 4 = 2 \cdot 2 & 5 = 5 \\
6 = 2 \cdot 3 & 7 = 7 & 8 = 2 \cdot 2 \cdot 2 & 9 = 3 \cdot 3 \\
10 = 2 \cdot 5 & 11 = 11 & 12 = 2 \cdot 2 \cdot 3 & 13 = 13
\end{array}
$$

となって，13 まではたしかに $(\star)$ の形に表せます[5]。

では，証明を始めます。2 以上の整数 n について，命題 $P(n)$ を

$P(n)$: n は $(\star)$ の形に表せる。

と定めます。

(1) $P(2)$ が真であること　　2 は素数ですから，そのままで $(\star)$ の形をしています。よって $P(2)$ は真です。

(2) 2 以上のすべての整数 k について「$P(2), P(3), \ldots, P(k)$ のすべてが真ならば$P(k+1)$ も真である」こと　　2 以上の整数 k を勝手に 1 つ取ります。帰納法の仮定は，整数 $2, 3, \ldots, k$ がすべて $(\star)$ の形に表せることです。この仮定を使って，$k+1$ も $(\star)$ の形に表せることを証明するのが目標です。このことを，$k+1$ が素数かどうかで場合分けをして証明します。

まず，$k+1$ が素数のときは，そのままで $(\star)$ の形なので，$P(k+1)$ は真です。

次に，$k+1$ が素数でないときを考えます。素数の定義から，$k+1$ は 1 でも $k+1$ でもない約数をもちます。そのような約数を 1 つ取って d_1 とします。このとき，d_1 は 2 以上かつ k 以下です。そこで，$d_2 = (k+1)/d_1$ と定めると，$k+1$ は d_1 で割り切れるので，d_2 は $(k+1)$ 以下の正の整数です。そして，d_1 は 1 でも $k+1$ でもないので，d_2 も 2 以上かつ k 以下です[6]。ここで，帰納法の仮定「整数 $2, 3, \ldots, k$ はすべて $(\star)$ の形に表せる」を使います。d_1 と d_2 は 2 以上かつ k 以下ですから，帰納法の仮定より

$$d_1 = p_1 p_2 \cdots p_r, \quad d_2 = q_1 q_2 \cdots q_s$$

の形で表せます。ここで，r と s は正の整数で，$p_1, p_2, \ldots, p_r$ およ

---

5) $(\star)$ の素数 $p_1, p_2, \ldots, p_r$ には等しいものがあってもかまいません。200〜202 ページ（付録）を参照してください。

6) $d_2 = 1$ なら $d_1 = k+1$ で，$d_2 = k+1$ なら $d_1 = 1$ となってしまいます。

び $q_1, q_2, \ldots, q_s$ は素数です。いま，d_2 の定めかたから $k+1 = d_1 d_2$ ですから，上の表示を使えば $k+1$ は

$$k + 1 = d_1 d_2 = p_1 p_2 \cdots p_r q_1 q_2 \cdots q_s$$

と表されます。$p_1, p_2, \ldots, p_r$ および $q_1, q_2, \ldots, q_s$ は素数で，$r+s$ は正の整数ですから，上式の右辺は $(\star)$ の形です。したがって，命題 $P(k+1)$ も真です。これで，$k+1$ が素数であるかどうかにかかわらず，$P(k+1)$ は真であることが言えました。

以上の (1) と (2) より，累積帰納法を使って，2 以上のすべての整数 n について $P(n)$ は真であることが証明できました。これで例題 6.3 の解答は終わりです。

6.4 数学的帰納法を使うときの注意

最後に，数学的帰納法を使うときの注意を述べます。以下に，累積帰納法を使った「0 以上の整数はすべて偶数であること」の証明を書きます。もちろん，この命題は偽なので，以下の証明には間違ったところがあります。それがどこか考えながら読んでください。

0 以上の整数はすべて偶数であることの（間違った）証明
累積帰納法によって証明する。まず，0 は $0 = 2 \times 0$ と表されるから偶数である。次に，0 以上の整数 k を勝手に 1 つ取って，0 以上 k 以下の整数はすべて偶数であるとする。$k+1 = s+t$ となる 0 以上 k 以下の整数 s, t を（何でもいいから）1 組取る。このとき，帰納法の仮定から s, t は偶数であるから，$s = 2a,\ t = 2b$ となる整数 a, b が取れる。すると，$k+1 = s+t = 2a+2b = 2(a+b)$ と表されて，$a+b$ は整数であるから，$k+1$ も偶数である。以上より，0 以上の整数は

すべて偶数である。

間違いを見つけられたでしょうか。

それは「$k+1=s+t$ となる 0 以上 k 以下の整数 s,t を 1 組取る」というところです。ここでの k は 0 以上の整数ですが，$k=0$ の場合にはこのような s,t が存在しません[7]。よって，$k=0$ のときはこの議論が破綻しているのです。

このように，累積帰納法の (2) のステップでは，考えるべき範囲にあるすべての k について正しい議論をしなければならないのです。例外があってはなりません。これは，基本的な数学的帰納法でも同様です。

7) 「0 以上 0 以下の整数」は 0 しかないので，$s=t=0$ ですが，このとき $1=s+t$ ではありません。

7 対偶の利用と背理法

数学の証明でよく使われる論法としては，場合分けと数学的帰納法のほかに，対偶を利用する論法と背理法があります。これらは，証明したい結論を，仮定から直接的に証明するのが難しいときに使われる重要な技法なのですが，本書の残りの部分では使いませんので，この章で簡単に説明するだけに留めます。

7.1 対偶の利用

■ 対偶とは

66 ページ（4.3 節）で解答を保留した次の問題を考えます。

> **例題 7.1** n は整数であるとする。n^2 が偶数ならば，n は偶数であることを示せ。

まずは，問題の命題を順当に証明することを試みましょう。仮定「n^2 は偶数である」を式で表すと，$n^2 = 2k$（ただし k は整数）となります。この等式の両辺の平方根を取れば，$n = \pm\sqrt{2k}$ という表示が得られます。しかし，右辺にルートが出てきてしまったので，この表示から n が偶数であることを証明するのは難しそうです。

例題 7.1 のように，「ならば」を含む命題を証明するのに，仮定の条件が使いにくい場合があります。このようなとき，もとの命題の対偶を利用します。

66 ページ（4.3 節）で述べたように，命題「P ならば Q」に対して，命題「Q ならば P」を逆といいます。対偶とは，この Q と P をさらに否定した命題です。つまり，命題「P ならば Q」の**対偶**とは，「Q でないならば P でない」という命題です。たとえば，上の例題 7.1 の命題「n^2 が偶数ならば n は偶数である」の対偶は，「n が偶数でないならば n^2 は偶数でない」です。

重要なのは，**「P ならば Q」とその対偶「Q でないならば P でない」は真偽が必ず一致する**ことです。たとえば，「4 の倍数ならば 2 の倍数である」という命題を考えます。4 の倍数は $4k$（ただし k は整数）と表されて，$4k = 2 \cdot (2k)$ ですから，$4k$ は 2 の倍数です。よって，4 の倍数は必ず 2 の倍数です。したがって，命題「4 の倍数ならば 2 の倍数である」は真です。さて，この命題の対偶「2 の倍数でないならば 4 の倍数でない」は真でしょうか。仮に偽なら反例があるはずですが[1]，それは「2 の倍数ではないが 4 の倍数である」ものです。しかし，上で示したように 4 の倍数は必ず 2 の倍数なので，このようなものはありません。よって，対偶「2 の倍数でないならば 4 の倍数でない」も真です。以上のように考えると，一般に「P ならば Q」が真であれば対偶「Q でないならば P でない」も真であることがわかります。

また，「P ならば Q」が偽であれば，対偶「Q でないならば P でない」も偽となります。たとえば，先ほどの命題の逆「2 の倍数ならば 4 の倍数である」は偽です。そして，この命題の対偶「4 の倍数でなければ 2 の倍数でない」も偽です。どちらの命題も，たとえば 6 が反例になるからです。

以上のように，命題「P ならば Q」とその対偶「Q でないならば P でない」は，真偽が必ず一致します。本当にいつでも一致するか

[1] 反例については，65 ページ（4.3 節）を参照してください。

どうか，P と Q にいろいろな条件を当てはめて確かめてみてください。

■ 対偶を利用する証明の例

上で述べたように，命題「P ならば Q」の真偽は，その対偶「Q でないならば P でない」の真偽と一致します。よって，「P ならば Q」という命題が真であることを証明するためには，その対偶が真であることを示せばよいのです。この考えかたを使って，例題 7.1 の命題「n^2 が偶数ならば n は偶数である」を証明しましょう。

証明すべき命題の対偶は「n が偶数でないならば n^2 は偶数でない」です。ここで，n は整数でしたから，偶数でないとは奇数だということです。よって，対偶は「n が奇数ならば n^2 は奇数である」と言い換えられます。

いま，整数 n は奇数であるとします。奇数とは，2 で割ると 1 余る整数のことですから，n は $n = 2a + 1$（ただし a は整数）の形で表されます。このとき，

$$n^2 = (2a+1)^2 = 4a^2 + 4a + 1 = 2(2a^2 + 2a) + 1$$

となります。a は整数なので，$2a^2 + 2a$ も整数です。よって，n^2 は $2 \times$（整数）$+ 1$ の形で表されていますから，n^2 は奇数です。

以上のことから対偶「n が奇数ならば n^2 は奇数である」が真なので，もとの命題「n^2 が偶数ならば n は偶数である」も真です。これで例題 7.1 の解答は終わりです。

このように，**「P ならば Q」の形の命題を証明するのに，仮定の条件 P が使いにくい場合には，その対偶「Q でないならば P でない」を考えるのが有効です。**

7.2　背理法

背理法とは次の形の論法です。

> 証明すべき結論が仮に成り立たないとすると，矛盾が生じてしまう。よって，証明すべき結論は正しい。

次の例題を背理法を使って解いてみましょう。

例題 7.2　素数は無限個あることを示せ。

背理法の出発点は，証明すべき結論の否定です。この問題では「素数は無限個ある」ことを証明したいのですから，この否定，すなわち「素数は有限個しかない」という仮定から出発します。ここから論理的に正しい推論を進めていって，何かしら矛盾が導き出せれば成功です。

いま，素数は有限個しかないと仮定したので，その個数を文字で表すことができます。そこで，素数の個数を n で表して，すべての素数を小さいほうから順に $p_1, p_2, \ldots, p_n$ とします。このとき，次の整数 N を考えます。

$$N = p_1 p_2 \cdots p_n + 1$$

つまり，N はすべての素数を掛けたものに 1 を加えた数です。

素数は 2 以上の整数ですから，素数を掛けた $p_1 p_2 \cdots p_n$ は 2 以上です。よって，これに 1 を加えた N も 2 以上です。ここで，例題 6.3 の結果を使います。N は 2 以上の整数ですから，正の整数 r と素数 $q_1, q_2, \ldots, q_r$ を使って次の形に表せます。

$$N = q_1 q_2 \cdots q_r$$

ここで素数 q_1 に着目します。私たちはすべての素数を列挙して

$p_1, p_2, \ldots, p_n$ としたのですから，q_1 もこれらのなかに入っています。よって，$p_1 p_2 \cdots p_n$ は q_1 の倍数です。そこで $p_1 p_2 \cdots p_n = q_1 a$（ただし a は整数）と表します。このとき，

$$N = p_1 p_2 \cdots p_n + 1 = q_1 a + 1$$

です。一方で，$N = q_1 q_2 \cdots q_r$ とも表されるのですから，$b = q_2 \cdots q_r$ とすると，b は整数で $N = q_1 b$ と表されます。以上より，

$$q_1 a + 1 = q_1 b$$

です。左辺の $q_1 a$ を右辺に移項して，両辺を q_1 で割ると

$$\frac{1}{q_1} = b - a$$

となります。q_1 は素数ですから 2 以上の整数です。よって，左辺の $1/q_1$ は 1 より小さい正の数ですので，整数ではありません。ところが，a と b は整数ですから，右辺の $b - a$ は整数です。したがって，上の等式より $1/q_1$ は「整数でない」かつ「整数である」ことになりますから，これは矛盾です。

以上のように，「素数は有限個しかない」と仮定すると矛盾が生じます。したがって，この仮定の否定「素数は無限個ある」が真でなければなりません。これで例題 7.2 の証明が終わりました。

背理法の議論は，前節で説明した対偶を利用する論法とよく似ています。対偶を使うときも，「P ならば Q」の結論 Q の否定「Q でない」から議論を始めるからです。しかし，対偶を使うときの議論のゴールが「P でない」とはっきりしている一方で，背理法ではどこで矛盾が生じるのか前もってわかりません。つまり，証明したい命題を見るだけでは議論のゴールがわからないのです。よって背理法は，対偶を利用する論法に比べて少し高度な技法と言えるでしょう。

第 3 部

ピックの定理をめぐって

8 問題を立てる

第3部は，これまでの内容の実践編です。まえがきで述べたように，ピックの定理を題材として，問題を立てるところからそれを解いて答えを書くまでの作業を，読者のみなさんと進めたいと思います。まず，この章では，ピックの定理の源となる問題意識を説明し，問題を具体的に立てるところまでを行います。

8.1 何が問題なのか

■ 格子多角形

座標平面において，x 座標と y 座標がともに整数である点を**格子点**とよびます。図 8.1 の黒丸の点が格子点です。格子点は x 軸方向および y 軸方向に等間隔に並んでいて，その間隔は 1 です。

以下の議論で，格子点の座標が必要でない場合には，x 軸，y 軸，

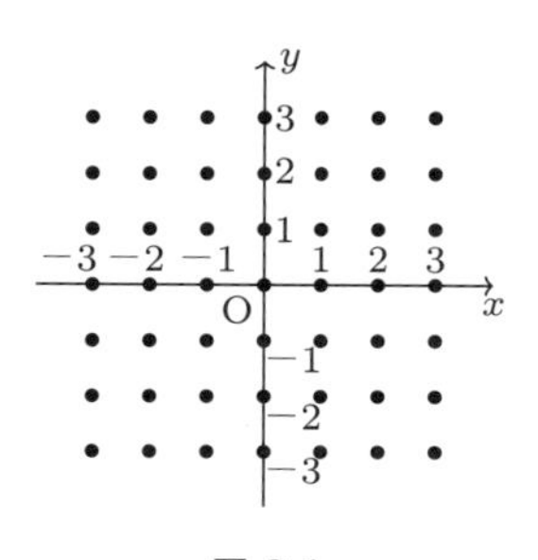

図 8.1

原点 O を省略した図を使います。その場合でも，格子点の間隔は 1 であることと，水平方向と鉛直方向がそれぞれ x 軸と y 軸の方向であることは覚えておいてください。

頂点がすべて格子点であるような多角形を，以下では**格子多角形**とよびます。そして，格子多角形で三角形のものを格子三角形，四角形のものを格子四角形などとよびます。たとえば，図 8.2 の左の図形は格子六角形です。右の図形は四角形ですが，格子四角形ではありません。右上の頂点 X が格子点ではないからです。

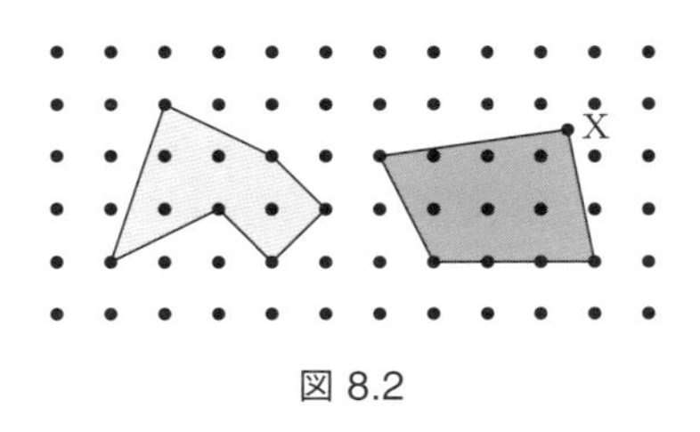

図 8.2

さて，第 3 部で考えたいのは次の問題です。

格子多角形の面積を簡単に計算する方法を見つけよ。

なぜこれが問題となるのでしょうか。以下では，実際に格子多角形の面積を計算しながらその理由を説明します。

■ 基本的な格子多角形の面積

ここでは，長方形と三角形の面積について考察します。

長方形の面積　図 8.3 のように，x 軸方向の辺と y 軸方向の辺をもつ長方形を考えます。長方形の面積は「(縦の辺の長さ) × (横の辺の長さ)」で計算できます。たとえば図 8.3 の長方形は，縦と横の辺の長さが 3 と 5 ですから，面積は $3 \times 5 = 15$ です。

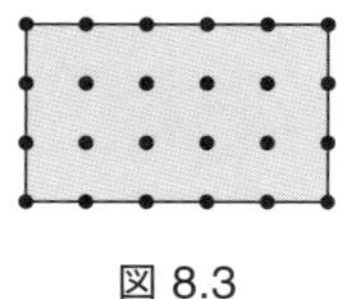

図 8.3

このように，x 軸方向と y 軸方向の辺をもつ長方形であれば，面積は簡単に計算できます。しかし，図 8.4 のように，すべての辺が x 軸方向でも y 軸方向でもない長方形は，面積を計算するのに工夫が必要です。ピタゴラスの定理を使って辺の長さを計算するか，もしくは，図 8.5 のように，大きな長方形で囲んで，全体の長方形の面積からまわりの白い 4 つの直角三角形の面積を引くか，いずれにせよ，計算には少し手間がかかるでしょう。

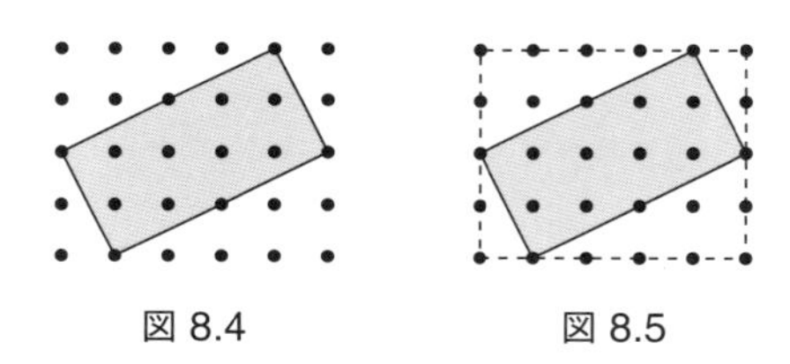

図 8.4　　図 8.5

三角形の面積　次に，格子三角形の面積を考えます。三角形の面積は「(底辺の長さ) × (高さ) ×1/2」で計算できます。しかし，たとえば図 8.6 の格子三角形については，底辺の長さも高さも，すぐにはわかりません。

底辺の長さと高さが簡単に計算できるのは，x 軸もしくは y 軸に

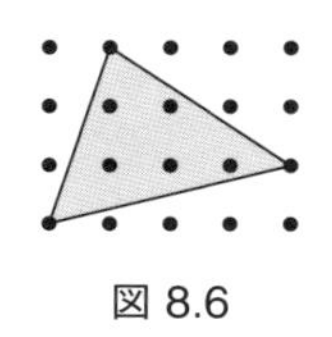

図 8.6

平行な辺をもつ場合です。例として，図 8.7 の三角形 ABC を考えます。この三角形は辺 BC が x 軸方向です。この辺を底辺とみなせば，底辺の長さは 4 で，高さは点 A から辺 BC に下ろした垂線の長さ 2 です（図 8.8）。よって，三角形 ABC の面積は $4 \times 2 \times 1/2 = 4$ です。

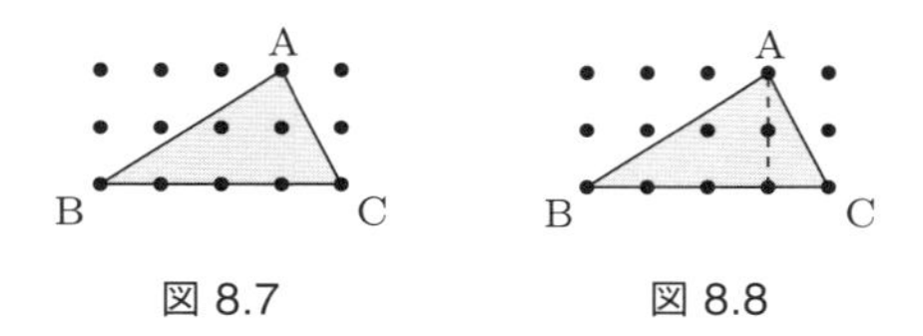

図 8.7　　図 8.8

y 軸に平行な辺をもつ場合も同様です。図 8.9 の三角形 ABC であれば，y 軸に平行な辺 AC を底辺とみなします。このとき，辺 AC を延長した直線に，点 B から下ろした垂線の足を H とすれば（図 8.10），線分 BH の長さが高さです。辺 AC の長さは 3 で，線分 BH の長さは 2 ですから，三角形 ABC の面積は $3 \times 2 \times 1/2 = 3$ です。

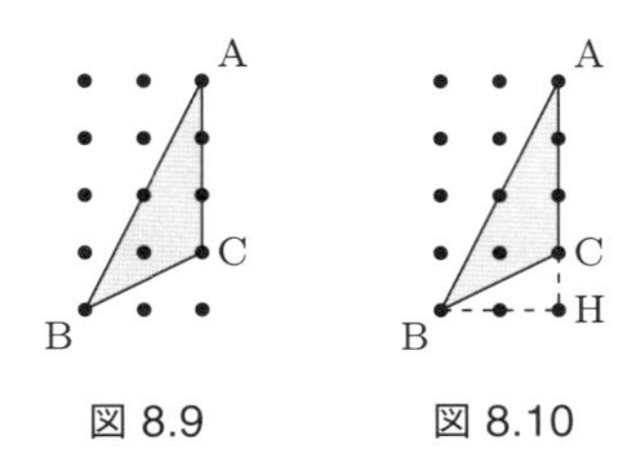

図 8.9　　図 8.10

以上のように，格子三角形については，x 軸もしくは y 軸に平行な辺をもつ場合であれば，面積が簡単に計算できます。

■ 一般の格子多角形の面積

ここまで，次の 2 つの形の格子多角形は面積が簡単に計算できることを見ました。

- x 軸方向と y 軸方向の辺で囲まれた長方形。
- 1 つの辺が x 軸方向もしくは y 軸方向の三角形。

実は，これらの面積の計算を繰り返せば，手間はかかるかもしれませんがどんな格子多角形でも面積を計算できます。以下では，例題を通してこのことを確認しましょう。まず，112 ページの図 8.6 の格子三角形を考えます。

例題 8.1　図 8.11 の格子三角形 ABC の面積を求めよ。

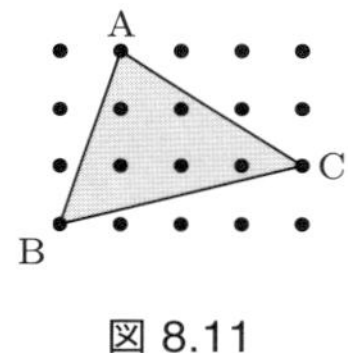

図 8.11

図 8.12 のように，格子三角形 ABC を x 軸方向と y 軸方向の線分で囲んで，大きな長方形 PBQR をつくります。この大きな長方形の面積は $3 \times 4 = 12$ です。次に，まわりの余計な直角三角形 APB, BQC, CRA の面積を計算します。これらの直角三角形は，直角をはさむ 2 辺が x 軸方向と y 軸方向なので，それらの長さがすぐにわかって面積が計算できます。三角形 APB の面積は $3 \times 1 \times 1/2 = 3/2$ です。同様に，直角三角形 BQC の面積は $4 \times 1 \times 1/2 = 2$ で，直角三角形 CRA の面積は $3 \times 2 \times 1/2 = 3$ で

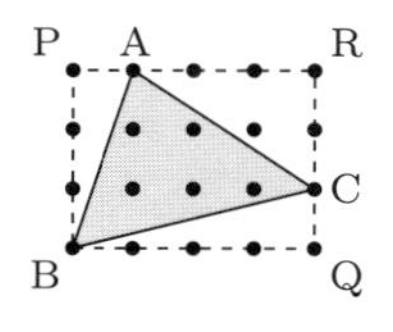

図 8.12

す。以上より，格子三角形 ABC の面積は

$$12 - \left(\frac{3}{2} + 2 + 3\right) = 12 - \frac{13}{2} = \frac{11}{2}$$

です。

例題 8.2　図 8.13 の格子三角形 ABC の面積を求めよ。

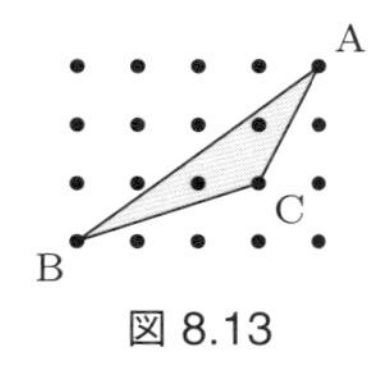

図 8.13

この問題でも「大きな図形から余計な部分の面積を引く」という方針で計算しましょう。ここでは，図 8.14 のように，大きな直角三角形 ABD をつくり，右下にある三角形 ACD と BCD の面積を引きます。

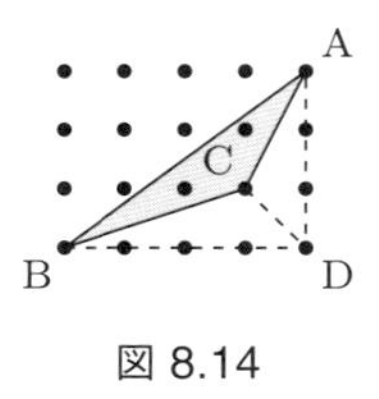

図 8.14

大きな直角三角形 ABD の面積は $4 \times 3 \times 1/2 = 6$ です。三角形 ACD は y 軸方向の辺をもつので，113 ページで述べたように面積が計算できて $3 \times 1 \times 1/2 = 3/2$ となります。同様に，三角形 BCD の面積は $4 \times 1 \times 1/2 = 2$ です。よって，格子三角形 ABC の面積は

$$6 - \left(\frac{3}{2} + 2\right) = 6 - \frac{7}{2} = \frac{5}{2}$$

です。

次に，格子四角形の面積を計算してみましょう。

例題 8.3　図 8.15 の格子四角形 ABCD の面積を求めよ。

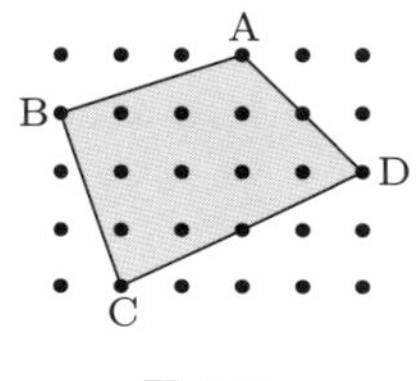

図 8.15

図 8.16 のように，大きな長方形 PQRS で囲んで，その面積から直角三角形 APB, BQC, CRD, DSA の面積を引きます。長方形 PQRS の面積は $4 \times 5 = 20$ です。直角三角形 APB, BQC, CRD, DSA の面積は，順に $3/2, 3/2, 4, 2$ ですから，格子四角形 ABCD の面積は

$$20 - \left(\frac{3}{2} + \frac{3}{2} + 4 + 2\right) = 20 - 9 = 11$$

です。

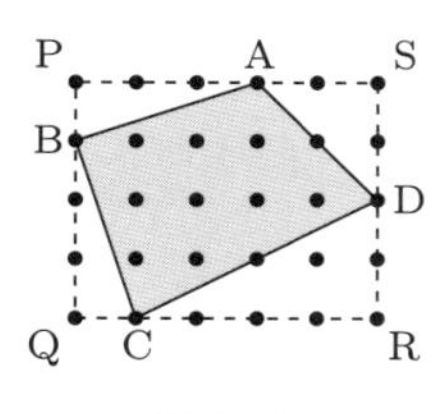

図 8.16

例題 8.4　図 8.17 の格子四角形 ABCD の面積を求めよ。

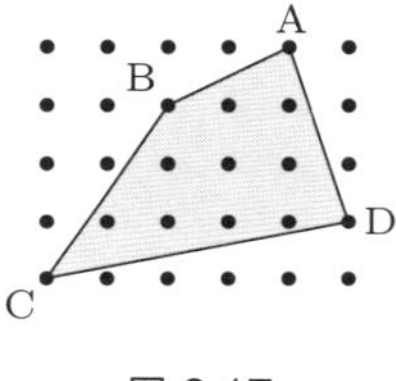

図 8.17

例題 8.3 と同様に，大きな長方形で囲んでまわりの部分の面積を引いても計算できますが，ここでは少し違う方法で計算しましょう。図 8.18 のように三角形と正方形に分割します。三角形 APB, BQC, CQD, DRA は，1 つの辺が x 軸方向もしくは y 軸方向ですから，簡単に面積が計算できます。三角形 APB の面積は $2 \times 1 \times 1/2 = 1$ です。同様に，三角形 BQC, CQD, DRA の面積を計算すると，順に $2, 3/2, 3/2$ となります。中央の正方形 BQRP の面積は $2 \times 2 = 4$ ですから，格子四角形 ABCD の面積は

$$1 + 2 + \frac{3}{2} + \frac{3}{2} + 4 = 10$$

です。

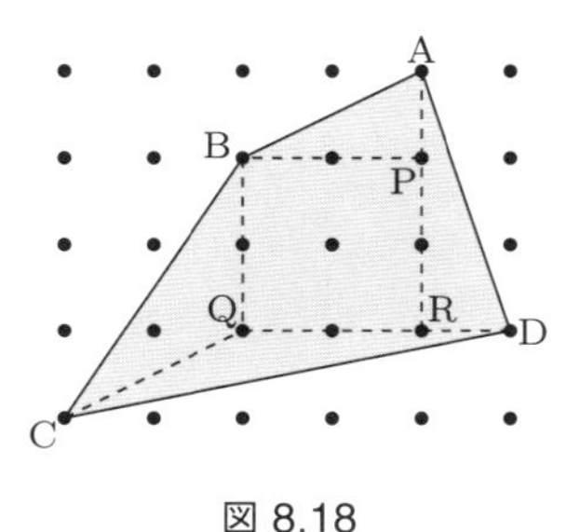

図 8.18

例題 8.5　図 8.19 の格子四角形 ABCD の面積を求めよ。

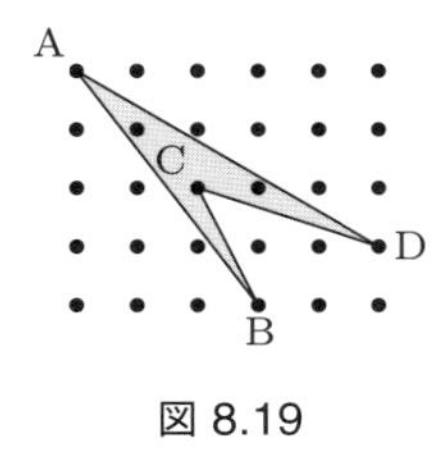

図 8.19

この問題はこれまでと比べて少し難しいかもしれません。図 8.20 のように大きな長方形で囲んで，まわりの余計な部分を三角形と長方形に分割します。

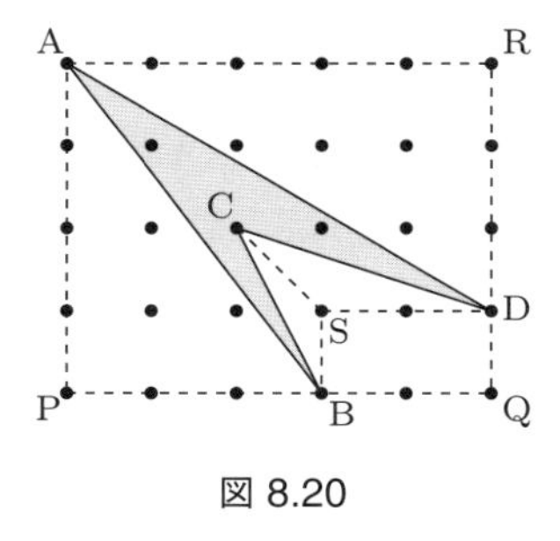

図 8.20

大きな長方形 APQR の面積は $4 \times 5 = 20$ です。そして，直角三角形 APB, DRA の面積は順に $6, 15/2$ で，長方形 SBQD の面積は 2 です。三角形 BSC の面積は，y 軸方向の辺 BS を底辺と見れば $1 \times 1 \times 1/2 = 1/2$ と計算できます。三角形 CSD についても同様に，x 軸方向の辺 SD を底辺と見れば，面積が $2 \times 1 \times 1/2 = 1$ であることがわかります。以上より，格子四角形 ABCD の面積は

$$20 - \left(6 + \frac{15}{2} + 2 + \frac{1}{2} + 1\right) = 20 - 17 = 3$$

です。

格子多角形の面積を計算する感覚が少し得られたでしょうか。では，腕だめしとして，次の問題を解いてください。

例題 8.6　図 8.21 の格子多角形の面積を求めよ。

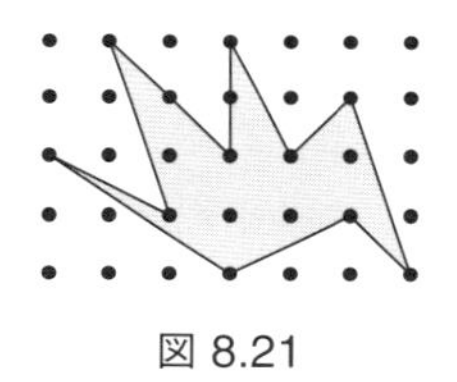

図 8.21

答えは 9 です。少し時間を取って面積を計算してみてください。

図 8.21 のような格子多角形の面積を計算してみると，とても手間がかかることに気づくはずです。個々の計算は単純な掛け算や足し算・引き算ですが，格子多角形の形が複雑になるにつれて，計算の回数がどんどん増えてしまうのです。そこで，冒頭に挙げた次の問題意識が生まれます。

格子多角形の面積を簡単に計算する方法を見つけよ。

8.2　問題の主要部分を明確にする

前節では，なぜ格子多角形の面積を簡単に計算することが問題となるのかについて説明しました。この問題意識から出発して，問題をさらに具体的にしましょう。

■ 何をデータにするか

1.3 節では，問題を立てるときのポイントとして，問題の主要部分を明確に表現することを挙げました。私たちの目標は格子多角形の面積を計算することですから，考えたい問題は決定問題です。

決定問題の主要部分は，データ・条件・未知のものの 3 つです。私たちの問題では，格子多角形の面積が未知のものです。では，データは何でしょうか。単純に考えると，格子多角形の形がデータですが，単に「形」と言うだけでは何も計算できません。格子多角形の形を決めるような何らかの量が必要です。

たとえばそのような量として，頂点の座標が考えられます。いま，n を 3 以上の整数として，座標平面上の n 角形の面積 S を計算したいとします。この n 角形の頂点を $\mathrm{A}_1, \mathrm{A}_2, \ldots, \mathrm{A}_n$ とします。ただし，頂点の名前は，$\mathrm{A}_1, \mathrm{A}_2, \ldots, \mathrm{A}_n$ と順にたどると，多角形の境界を一周するように付けます (図 8.22)。そして，頂点 $\mathrm{A}_1, \mathrm{A}_2, \ldots, \mathrm{A}_n$ の座標を順に $(x_1, y_1), (x_2, y_2), \ldots, (x_n, y_n)$ とします。この n 個の座標の列があればもとの多角形は復元できるので，これは多角形の形を表すデータだと言えます。

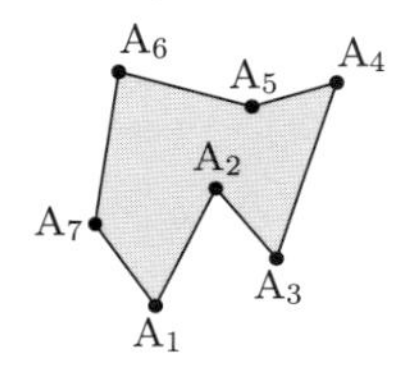

図 8.22　頂点の名前の付けかた（$n = 7$ の場合）

では，このデータを使って多角形の面積は計算できるでしょうか。実は，そのような公式はすでに知られていて，測量の分野では土地の面積を計算するのに実際に使われています。座標平面上の n 角形の頂点の座標を，上で定めたように $(x_1, y_1), (x_2, y_2), \ldots, (x_n, y_n)$ と並べたとき，面積 S は次の式で表されます。

$$(\diamondsuit) \qquad S = \frac{1}{2}\left|x_1(y_0 - y_2) + x_2(y_1 - y_3) + x_3(y_2 - y_4) + \cdots + x_n(y_{n-1} - y_{n+1})\right|$$

ただし，右辺では $y_0 = y_n, y_{n+1} = y_1$ とします[1)]。

たとえば，例題 8.6 の十角形に対して，図 8.23 のように原点 O を取り，頂点には反時計回りに $\mathrm{A}_1, \mathrm{A}_2, \ldots, \mathrm{A}_{10}$ と名前を付けます。そして，これらの座標を順に $(x_1, y_1), (x_2, y_2), \ldots, (x_{10}, y_{10})$ とすると，

$$(x_1, y_1) = (1, 4), \quad (x_2, y_2) = (2, 1), \quad (x_3, y_3) = (0, 2),$$
$$(x_4, y_4) = (3, 0), \quad (x_5, y_5) = (5, 1), \quad (x_6, y_6) = (6, 0),$$
$$(x_7, y_7) = (5, 3), \quad (x_8, y_8) = (4, 2), \quad (x_9, y_9) = (3, 4),$$
$$(x_{10}, y_{10}) = (3, 2)$$

です。よって，

$$x_1(y_0 - y_2) = x_1(y_{10} - y_2) = 1 \times (2-1) = 1,$$
$$x_2(y_1 - y_3) = 2 \times (4-2) = 4, \quad x_3(y_2 - y_4) = 0 \times (1-0) = 0,$$
$$x_4(y_3 - y_5) = 3 \times (2-1) = 3, \quad x_5(y_4 - y_6) = 5 \times (0-0) = 0,$$
$$x_6(y_5 - y_7) = 6 \times (1-3) = -12,$$
$$x_7(y_6 - y_8) = 5 \times (0-2) = -10,$$

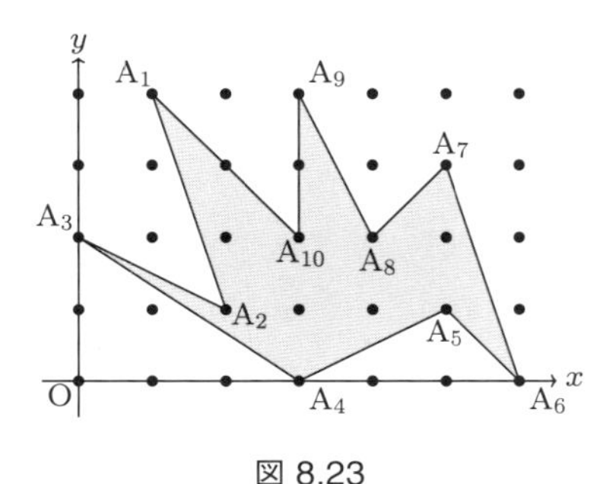

図 8.23

1) このように y_0, y_{n+1} という記号をわざわざ使ったのは，右辺の形を見やすくするためで，数学的な理由があるからではありません。

$$x_8(y_7-y_9)=4\times(3-4)=-4,\quad x_9(y_8-y_{10})=3\times(2-2)=0,$$
$$x_{10}(y_9-y_{11})=x_{10}(y_9-y_1)=3\times(4-4)=0$$

ですから，図 8.23 の十角形の面積 S を公式 ($\Diamond$) を使って計算すると，

$$\begin{aligned}S&=\frac{1}{2}\left|1+4+0+3+0+(-12)+(-10)+(-4)+0+0\right|\\&=\frac{1}{2}\left|-18\right|=9\end{aligned}$$

となります。これは例題 8.6 の結果と一致します。

以上のように，多角形の頂点の座標がすべてわかっていれば，公式 ($\Diamond$) を使って面積が計算できます。よって，「格子多角形の面積を計算する」という問題に対して，頂点の座標をデータとして選べば，公式 ($\Diamond$) が 1 つの答えです。

測量の分野では，公式 ($\Diamond$) を使って土地の面積を計算する方法を「座標法」とよびます。座標法はコンピュータ上で簡単に実現できますので，その意味では多角形の面積を簡単に計算する方法だと言えます。

しかし，コンピュータを使わずに自分の手で計算するのであればどうでしょうか。先ほどの図 8.23 の格子十角形の場合でも，すべての頂点の座標を公式 ($\Diamond$) の右辺に代入して計算するのは手間がかかりました。この公式では，頂点の個数が増えれば増えるほど，計算すべき量も増えてしまいますから，コンピュータを使わずに計算するのだとしたら，少し不便でしょう。

では，格子多角形の面積をもっと簡単に計算するにはどうすればよいでしょうか。

■ 単純な場合から始める

改めて最初から考え直しましょう。格子多角形の面積を簡単に計算するにはどうすればよいか。ここでは，24 ページ（2.2 節）で述べた「具体例を観察して規則性を見つける」という方法で考えてみます。

いま私たちが考えたいのは格子多角形の面積ですから，上の方法を使うのなら，さまざまな格子多角形の面積を計算して規則性を探すことになります。ここで問題となるのは，格子多角形には無限にたくさんの形があり得ることです。具体例を観察するといっても，とにかく思いつくままに格子多角形を描いて面積を計算するだけでは，規則性は見つからないでしょう。

具体例を観察して規則性を探すときには，具体例の間に何らかの順序を付けなければなりません。 たとえば，例題 2.4 では，n の値を $1, 2, 3, \ldots$ と順に変えて n^2+1 を 3 で割った余りを計算し，余りが $2, 2, 1$ の繰り返しになることを見つけました。このように，規則性を見つけるためには，具体例に順序を付けることが必要なのです。

では，どのような順序で格子多角形の面積を調べればよいでしょうか。一般的に，具体例を観察するときは，**単純な場合から複雑な場合へ**進めるとよいです。ただし，「単純」ということの具体的な内容は，問題に応じて自分で決めなければなりません。

いま私たちは，格子多角形の面積を簡単に計算する方法を探しています。そこで，「単純」とは「面積を計算する手順が単純だ」という意味だとしてみます。このとき，111〜113 ページ（8.1 節）で見たように，x 軸方向と y 軸方向の辺をもつ長方形が最も簡単に面積が計算できる格子多角形で，その次に簡単なのは x 軸方向もしくは y 軸方向の辺をもつ格子三角形だと考えられそうです。このような例から始めて，だんだん計算が複雑な格子多角形を観察していくのはどうでしょう。

しかし，このアイデアには難点があります。「だんだん計算が複雑になる」というルールを，きちんと言葉にするのが難しいのです。「x 軸・y 軸方向の辺をもつ三角形の次に面積の計算が複雑な多角形は何か」と考えても，さまざまな可能性があり得るでしょう。順序を付ける統一的なルールが，うまく記述できません[2)]。順序を設定するときには，そのルールが言葉で書き下せるくらいにはっきりしている必要があります。そうでないと，闇雲に観察する状態になってしまうからです。

では，どのように順序を設定すればよいでしょうか。面積を計算するのが簡単な場合から難しい場合へ，という考えかたそのものは悪くないでしょう。113〜119 ページ（8.1 節）で面積を計算する練習をしたときには，格子三角形から始めて，格子四角形を考え，最後に例題 8.6 のギザギザした格子十角形の面積を考えました。そこで見たように，格子多角形の頂点の個数が増えていくと，面積の計算の手間が増えていきます。よって，格子多角形の頂点の個数に注目して，三角形，四角形，五角形，六角形，$\cdots$ と順序を設定するのがよいのではないかと思われます。この順序付けならルールもはっきりしています。

もちろん，順序を設定する基準はほかにもあるかもしれませんし，これでうまくいくかどうかもいまの時点ではわかりません。しかし，第 2 章の始めに述べたように，とにかく多少なりとも具体的な行動をとることが重要です。もし自分の設定した順序でうまくいかなければ，また考え直せばよいのです。

■ 極端な場合に着目する

では，まず格子三角形の面積を詳しく調べてみましょう。しか

[2)] ただし，筆者が思いつかないだけで，よいルールがあるかもしれません。

し，ここでもいままでに述べたのと同じ問題が生じます。格子三角形の形状は無限にありますから，格子三角形の間にも何らかの順序を設定しなければならないのです。

いままでの考えかたに従うなら，単純な格子三角形から複雑な格子三角形へと順序付けることになります。しかし，単純な格子三角形とは何か，と考えても，はっきりした答えは思いつきません。

このようなときは，**極端な場合に着目する**とよいです。ただし，ここでも「極端」ということの具体的な内容は，問題に応じて自分で決めなければなりません。

いま，私たちが調べたいのは格子三角形の面積でした。そこで，「面積が極端」とはどういうことかを考えてみます。面積は広さを表す数値ですから，「大きい／小さい」という尺度があります。すると，面積が極端であるとは，面積がとても大きいか，とても小さいかのいずれかでしょう。しかし，格子三角形の面積はいくらでも大きな値をとり得ますから，「面積が大きい」という意味で極端な格子三角形は定まりません。

では，「面積が小さい」という意味で極端な格子三角形はどうでしょう。面積が小さい格子三角形としては，図 8.24 のものが思いつきます。この格子三角形の面積は $1 \times 1 \times 1/2 = 1/2$ です。これよりも面積が小さい格子三角形はあるでしょうか。

図 8.24

例として，図 8.25 のとても薄い格子三角形 ABC の面積を計算してみます。

もとの図では見づらいので，図 8.26 のように拡大します。点 P, Q, R を図 8.26 のように取ると，大きな直角三角形 ABQ の面積は

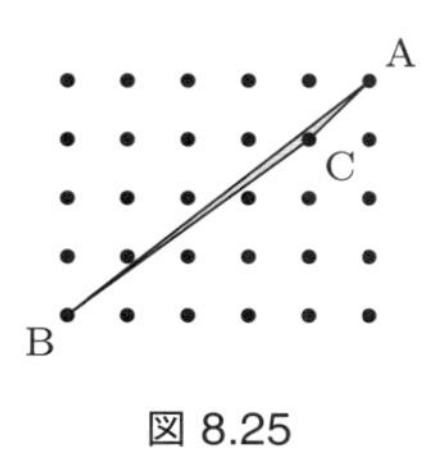

図 8.25

$5 \times 4 \times 1/2 = 10$ です。直角三角形 CBP の面積は $4 \times 3 \times 1/2 = 6$ で，直角三角形 ACR の面積は $1 \times 1 \times 1/2 = 1/2$ です。そして，長方形 CPQR の面積は $3 \times 1 = 3$ ですから，三角形 ABC の面積は

$$10 - \left(6 + \frac{1}{2} + 3\right) = 10 - \frac{19}{2} = \frac{1}{2}$$

です。

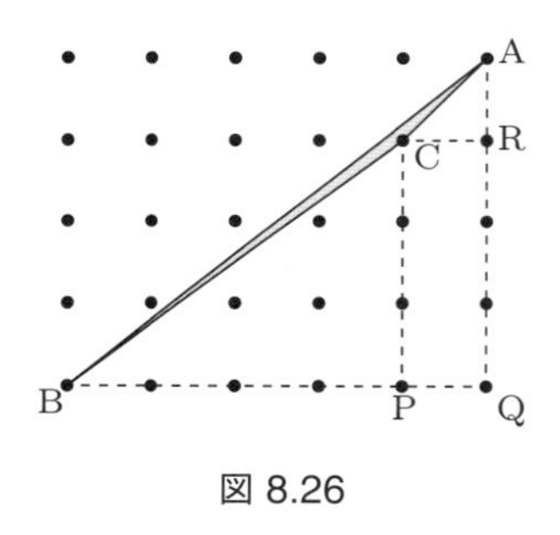

図 8.26

結局，図 8.25 のとても薄い格子三角形の面積も，図 8.24 の格子三角形と等しく 1/2 でした。では，もっと違う形の格子三角形で面積が 1/2 よりも小さいものはあるでしょうか。図 8.27 に 3 つの候補を挙げてみました。これらの格子三角形の面積を計算してみると，1/2 もしくは 1 であることがわかります。いずれにせよ，1/2 よりも面積が小さいものはありません。

以上の観察から，格子三角形の面積はいくらでも小さくできるの

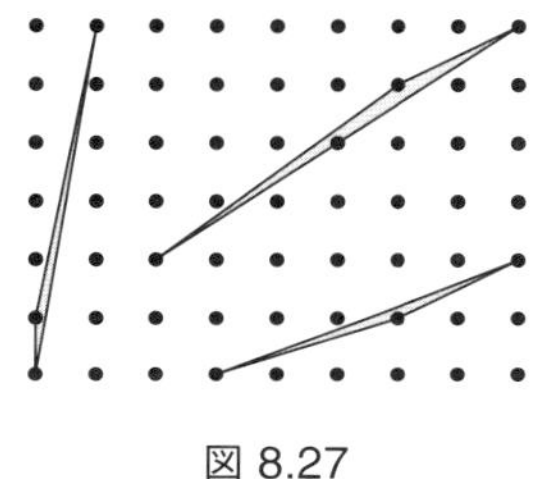

図 8.27

ではなく，最も小さくても 1/2 であろうと予想されます。つまり，「面積が小さい」という意味で極端な格子三角形がたしかにあって，その面積は 1/2 だということになりそうです。

このように，極端な場合をうまく取り出せたら，**極端な場合に共通する特徴を探します**。特徴を探すときには，「薄い」「小さい」など主観的な印象ではなく，数学用語を使って誰にでも間違いなく伝えられるような，客観的な性質を探すのがポイントです。図 8.28 の左側に，面積が 1/2 の格子三角形をいくつか描きました。対比のために，右側には面積が 1/2 よりも大きい格子三角形を描いてあります。図 8.28 の左側の格子三角形にはあって，右側の格子三角形にはない特徴は何でしょうか。

いろいろな答えがあるかもしれませんが，ここでは「頂点以外に格子点が乗っていない」という特徴に注目しましょう。図 8.28 の左側の格子三角形には，頂点以外に格子点が乗っていません。一方

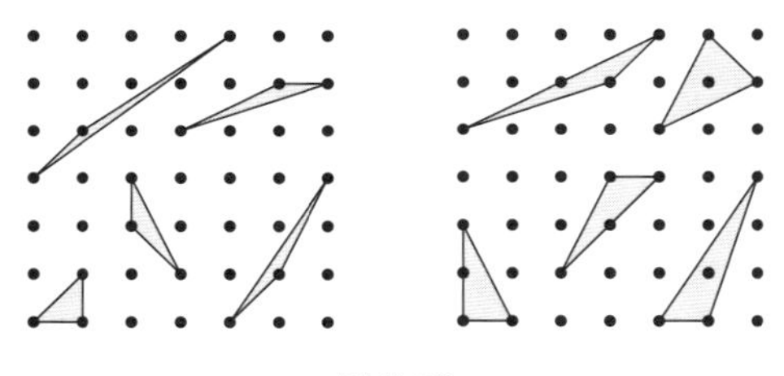

図 8.28

で，図 8.28 の右側の格子三角形は，いずれも辺の上や三角形の内側に格子点があります。よって，頂点以外に格子点が乗っていないことは，面積が 1/2 の格子三角形だけの特徴だと言えそうです。

ここまでの考察をまとめましょう。

格子三角形の面積は一番小さくても 1/2 であろう。そして，面積が 1/2 の格子三角形は，「頂点以外に格子点が乗っていない」という条件で特徴づけられるだろう。

さて，私たちの目標は，格子多角形の面積が簡単に計算できるようなデータを見つけることでした。これまでの考察から，格子三角形の面積と，その上にある格子点の個数の間には，何か関係があるだろうと予想されます。そこで，格子多角形の面積を計算するためのデータとして，その上にある格子点の個数を取ることにしましょう。すると，私たちの問題は次のようになります。

格子多角形の面積を，その上にある格子点の個数を使って計算せよ。

これで問題をはっきりさせることができました。次章からこの問題の答えを探しましょう。

9　問題を解く――公式を見つける

前章では，格子多角形の面積を簡単に計算したいという問題意識から出発して，「格子多角形の面積を，その上にある格子点の個数を使って計算せよ」という問題を立てました。この章ではこの問題の答えを探します。

9.1　規則性を探る

私たちの目標は，格子多角形の面積を，その上にある格子点の個数を使って計算することです。これは，「格子多角形の面積」と「その上の格子点の個数」という 2 つの量の関係を見つける問題だと言えます。このように，**量の間の関係を探るときには，1 つの量を少しずつ変化させて，残りの量がそれに連れてどのように変化するかを観察します**。そして，変化の規則性を調べるのです。

この観察をするときは，124 ページ（8.2 節）で説明した「極端な場合」から始めるのがよいでしょう。そして，**極端な場合の特徴に注目して，その特徴を少しずつ壊すように変化させる**と規則性が見つかりやすいです。

前章と同様に，しばらくは格子三角形に限定して考えます。前章の最後で，「面積が最も小さい」という極端な格子三角形に注目し，その面積は 1/2 であることを観察しました。そこで，以下では面積が 1/2 の格子三角形を**基本三角形**とよぶことにします。

では，基本三角形を変化させて規則性を探りましょう。前章の最後で述べたように，基本三角形には「頂点以外に格子点が乗っていない」という特徴があります。そこで，この特徴を壊すように，基本三角形に格子点を 1 つずつ乗せて変化させてみます。

図 9.1 の基本三角形 ABC から出発します。この三角形を格子点が 1 つずつ乗るように変化させて，面積がどのように変わるかを調べましょう。

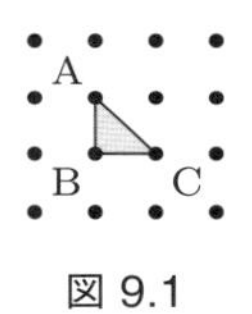

図 9.1

まず，図 9.2 のように，頂点 C を右に 1 つずつ動かしてみます。

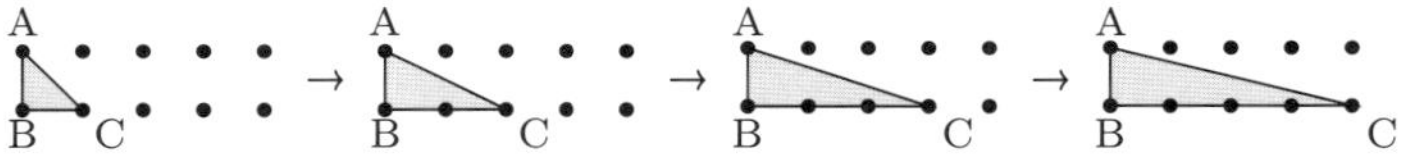

図 9.2

このように動かすと，辺 BC の上に格子点が 1 つずつ乗っていきます。それに連れて，三角形 ABC の面積は

$$\frac{1}{2} \to 1 \to \frac{3}{2} \to 2$$

と変わっています。つまり，基本三角形 ABC の上に格子点を 1 つ乗せるたびに，面積が 1/2 ずつ増えています。

次に，図 9.3 のように，頂点 A を左上に動かしてみます。

今度は，辺 AC 上に格子点が 1 つずつ乗っていきます。そして，この場合も面積は

$$\frac{1}{2} \to 1 \to \frac{3}{2} \to 2$$

と，1/2 ずつ増えていることがわかります。

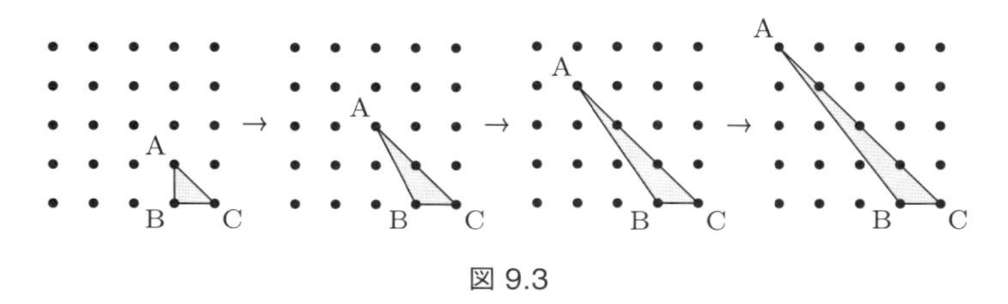

図 9.3

以上の考察から,「格子三角形の上の格子点を 1 つずつ増やすと,面積は 1/2 ずつ増える」と言えそうです。この法則が正しいかどうか,別の例で確かめましょう。

次の図 9.4 のように,頂点 B を左下に動かしてみます。この場合も,三角形 ABC の上の格子点は 1 つずつ増えています。

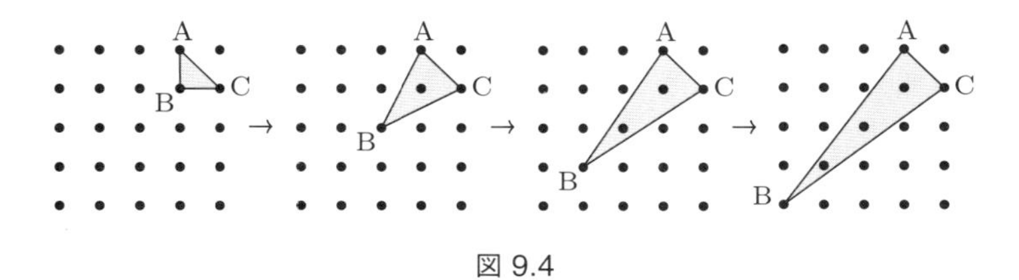

図 9.4

ところが,面積を計算すると

$$\frac{1}{2} \to \frac{3}{2} \to \frac{5}{2} \to \frac{7}{2}$$

と変わっています（確かめてみてください)。ここでは面積が 1 ずつ増えています。よって,面積が 1/2 ずつ増えるという法則は,いつでも正しいわけではないようです。

この違いはどこから生じたのでしょうか。図 9.2 と図 9.3,そして図 9.4 で,三角形 ABC のどこに格子点が増えているかに注目して,少し考えてみてください。

図 9.2 では,辺 BC の上に格子点が 1 つずつ乗りました。図 9.3

の場合は辺 AC の上です。いずれの場合も，三角形 ABC の辺の上で格子点が増えています。一方で，図 9.4 の場合は，辺の上ではなく三角形 ABC の内側で格子点が増えています。この違いが，面積の増えかたの違いに反映されたと考えられるでしょう。

以上の観察を正確に述べるために，数学用語を 1 つ導入します。多角形から辺の部分（頂点も含む）を取り除いたところを，その多角形の**内部**といいます（図 9.5）。この言葉を使うと，これまでに観察したことは次のように言い表されます。

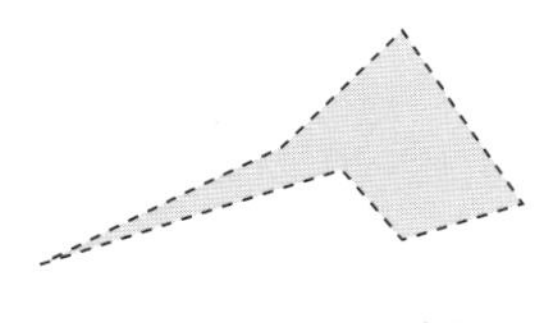

図 9.5　多角形の内部

- 格子三角形の辺上の格子点が 1 つ増えると，面積は 1/2 だけ増える。
- 格子三角形の内部の格子点が 1 つ増えると，面積は 1 だけ増える。

この法則が成り立っているかどうか，次の例で確かめてみてください。図 9.6 は辺の上に格子点が増えていく場合で，図 9.7 は内部に格子点が増える場合です。それぞれの場合で，面積が 1/2 もしくは 1 ずつ増えているでしょうか。

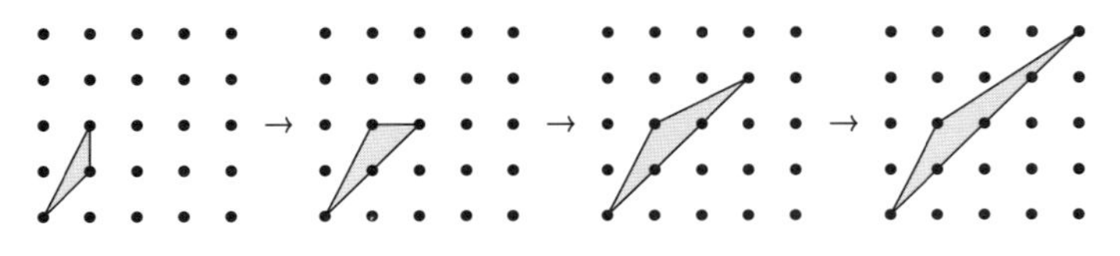

図 9.6

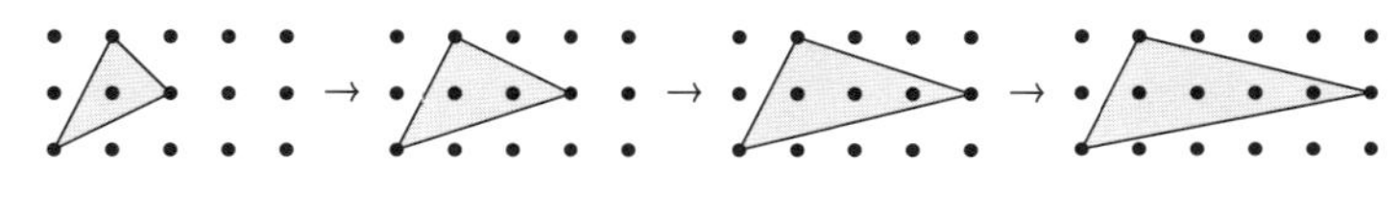

図 9.7

9.2　公式を予想する

前節では，格子三角形の面積とその上の格子点の個数について，2 つの法則を発見しました。これを踏まえて，私たちの問題を改めて書き下し，答えを探しましょう。

■ 問題をきちんと書き下す

私たちは，格子三角形の面積を，その上にある格子点の個数を使って計算する方法を探していました。ここで前節の考察を思い出せば，格子三角形の上にある格子点といっても，辺の上にあるものと内部にあるものは区別したほうがよいと考えられます。そこで，これら 2 つの量をデータとして選ぶことにします。そして，これらのデータを表す文字と，未知のものである面積を表す文字を，以下のように定めます。

- 格子三角形の辺の上にある格子点の個数を x とする。
- 格子三角形の内部にある格子点の個数を y とする。
- 格子三角形の面積を S とする。

このとき，私たちの目標は「x と y を使って S を表すこと」です。すなわち，

$$S = (x \text{ と } y \text{ の式})$$

という形の公式を導き出すことです。

■ 規則性を使って答えを予想する

では，面積 S を x と y で表す公式をつくりましょう。ここでは，22 ページ（2.2 節）で説明した「条件を使って絞り込む」という方針で考えます。

私たちが使える条件は，前節で見つけた 2 つの法則です。これを文字 S, x, y を使って書くと，以下のようになります。

(1) x が 1 増えると，S は 1/2 増える。
(2) y が 1 増えると，S は 1 増える。

この条件を手掛かりにして公式の形を予想しましょう。

まず，条件 (2) だけを考えます。y が 1 増えると S は 1 増えるように，「$S =$ (x と y の式)」という式をつくりたいのです。最も単純な答えは

$$S = y$$

でしょう。S と y が等しいのですから，y が 1 増えれば，S も 1 増えます。

しかし，このままでは右辺に x が入っていないので，条件 (1) は満たされません。「y が 1 増えると S は 1 増える」という性質は保ったまま，x が 1 増えると S は 1/2 増えるようにしたい。そのためには，右辺をどのように修正すればよいでしょうか。

ここは少し考えるところですが

$$S = \frac{x}{2} + y$$

とすると，条件 (1) も満たされます。こう定めると，x が 1 増えると右辺は

$$\frac{x+1}{2} + y = \frac{x}{2} + \frac{1}{2} + y = \left(\frac{x}{2} + y\right) + \frac{1}{2}$$

となって，もとの $x/2+y$ と比べて $1/2$ だけ増えます。また，y が 1 増えると

$$\frac{x}{2}+(y+1)=\frac{x}{2}+y+1=\left(\frac{x}{2}+y\right)+1$$

となるので，1 だけ増えます。したがって，条件 (1), (2) の両方が満たされています。

以上の考察から，条件 (1), (2) を満たす等式

$$S=\frac{x}{2}+y$$

が得られました。この式で面積は計算できるでしょうか。確認してみましょう。

図 9.8 の格子三角形 ABC を考えます。これは，角 ABC が直角の直角三角形です。AB の長さは 2 で，BC の長さは 3 ですから，面積 S は $2\times 3\times 1/2=3$ です。一方で，三角形 ABC の辺の上には格子点が 3 個あり，内部には 1 個あるので，$x=3, y=1$ ですから

$$\frac{x}{2}+y=\frac{3}{2}+1=\frac{5}{2}$$

となります。この値は面積 $S=3$ と異なります。よって，$S=x/2+y$ という等式は正しくないようです。

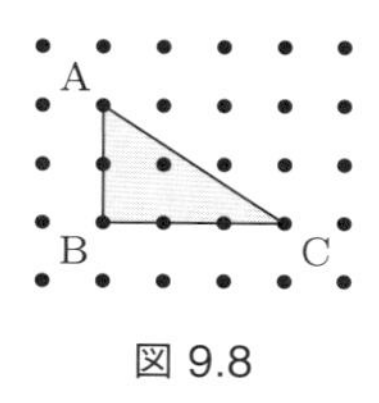

図 9.8

どこで間違えたのでしょうか。私たちが予想した答えは，それが満たすべき条件 (1), (2) をたしかに満たしています。しかし間違っ

ている。このような状況は，自分が予想した答え以外にも条件を満たすものがあることを意味します。

では，ほかにどのような答えがあり得るでしょうか。たとえば $S = x/2 + y + 1$ という式が考えられます。この式でも，x もしくは y が 1 だけ増えると

$$\frac{x+1}{2} + y + 1 = \left(\frac{x}{2} + y + 1\right) + \frac{1}{2},$$
$$\frac{x}{2} + (y+1) + 1 = \left(\frac{x}{2} + y + 1\right) + 1$$

となって，もとの $x/2 + y + 1$ から $1/2$ もしくは 1 だけ増えます。よって，$S = x/2 + y + 1$ という式も条件 (1), (2) を満たします。同じように考えれば，$S = x/2 + y + 1$ という式の最後の $+1$ の部分は，どのような値に置き換えても条件 (1), (2) は成り立ってしまうことがわかります。したがって，$S = x/2 + y + C$ という形の式であれば，C がどのような数でもよいのです。

このように，答えの候補がたくさんあるときは，**さらに答えを絞りこむほかの条件を探します。**最初に挙げた条件 (1), (2) のほかに，使える条件はないでしょうか。

ここで，前章の最後の考察を思い出しましょう。格子三角形のうち面積が $1/2$ のもの（基本三角形）は，「頂点以外に格子点が乗っていない」という条件で特徴づけられるのでした。これを S, x, y に関する条件に言い換えましょう。頂点以外に格子点が乗っていないとは，辺の上にも内部にも格子点はない，つまり x も y も 0 であるということです。このとき面積が $1/2$ なのですから，上の条件は

(3) $x = 0, y = 0$ のとき，$S = 1/2$ である。

と言い換えられます。この条件を使って，答えをさらに絞りこみましょう。

先ほど述べたように，$S = x/2 + y + C$ という形の等式であれば，条件 (1), (2) は満たされます。そこで，このなかで新しい条件 (3) も満たすものを探します。候補の式 $S = x/2 + y + C$ に条件 (3) を課せば，

$$\frac{1}{2} = \frac{0}{2} + 0 + C$$

が成り立たなければなりません。このことから $C = 1/2$ となります。これで答えの式が特定できました。

> **予想**　格子三角形の面積 S は，辺の上にある格子点の個数 x と，内部にある格子点の個数 y によって，
>
> $$S = \frac{x}{2} + y + \frac{1}{2}$$
>
> と表されるだろう。

■ 予想が正しいことを確認する

問題に対する答えを予想したら，それが正しいかどうかを具体例で確かめます。上で予想した公式が正しいかどうか，2 つの例題を通して確かめてみましょう。

例題 9.1　図 9.9 の格子三角形 ABC について，公式 $S = x/2 + y + 1/2$ が正しいかどうか調べよ。

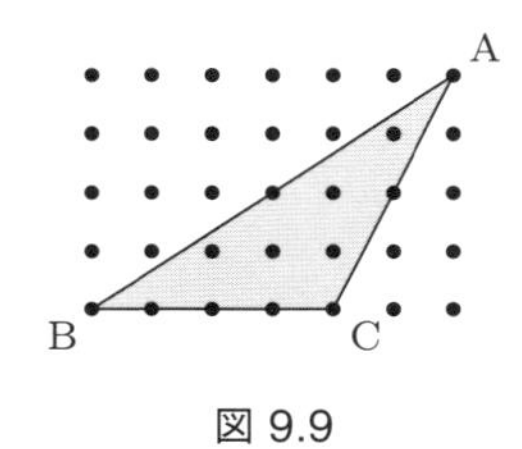

図 9.9

まず，面積を計算します。辺 BC を底辺とすれば，その長さは 4 で，高さも 4 なので

$$S = 4 \times 4 \times \frac{1}{2} = 8$$

です。一方で，辺と内部にある格子点を数えると，$x = 5, y = 5$ となりますから

$$\frac{x}{2} + y + \frac{1}{2} = \frac{5}{2} + 5 + \frac{1}{2} = 8$$

です。したがって，等式 $S = x/2 + y + 1/2$ は成り立ちます。

例題 9.2 図 9.10 の格子三角形 ABC について，公式 $S = x/2 + y + 1/2$ が正しいかどうか調べよ。

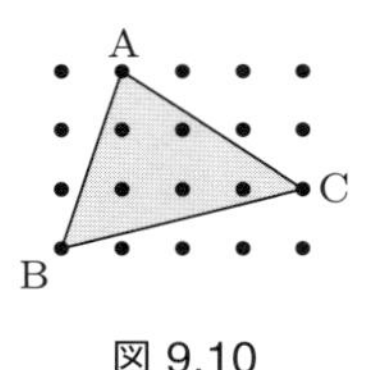

図 9.10

図 9.10 の格子三角形は，例題 8.1 で考えたものとまったく同じで，面積は 11/2 であることがわかっています。一方で，辺の上には格子点がないので $x = 0$ で，内部にある格子点の個数 y は 5 ですから

$$\frac{x}{2} + y + \frac{1}{2} = \frac{0}{2} + 5 + \frac{1}{2} = \frac{11}{2}$$

となって，この場合も等式 $S = x/2 + y + 1/2$ が成り立っています。

以上，2 つの例で私たちの予想は正しいことが確かめられました。ほかにもいくつか例をつくって調べてみてください。

9.3　一般化する

前節では，格子三角形の面積がその上の格子点の個数を使って

$$S = \frac{x}{2} + y + \frac{1}{2}$$

と表されることを予想し，いくつかの例で正しいことを確認しました。

さて，私たちのもともとの問題は，一般の格子多角形の面積を簡単に計算する方法を見つけることでした。ですから，格子三角形だけではなく，格子四角形，格子五角形，$\cdots$ の場合も考えなければなりません。このように，単純な場合から複雑な場合に考察を進めるときには，**すでに得られた結果を一般化する**ことを試みます[1]。いまの状況であれば，格子三角形の場合の公式をうまく修正して，格子四角形，格子五角形，$\cdots$ の場合に成り立つようにできないか，考えてみるのです。そこで，格子四角形の場合から順に調べてみましょう。

■ 格子四角形の場合

例題 9.3　図 9.11 の格子四角形 ABCD について，次の 2 つの値を比較せよ。

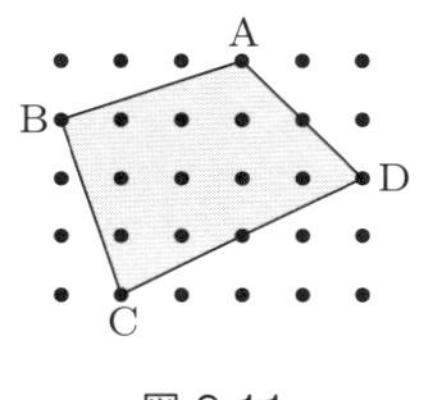

図 9.11

[1] 「一般化」という言葉の意味については，61 ページ（4.2 節）を参照してください。

(1) 面積 S

(2) 辺の上にある格子点の個数を x とし，内部にある格子点の個数を y とするときの $x/2+y+1/2$ の値

図 9.11 の格子四角形 ABCD の面積は，例題 8.3 で計算しました。その結果によると，面積 S は 11 です。一方で，辺の上にある格子点は，辺 CD と辺 DA の上に 1 つずつありますから，全部で 2 個です。そして，内部にある格子点は 9 個です。したがって，

$$\frac{x}{2}+y+\frac{1}{2}=\frac{2}{2}+9+\frac{1}{2}=1+9+\frac{1}{2}=\frac{21}{2}$$

となります。この値は面積 $S=11$ とは異なるので，図 9.11 の格子四角形については，格子三角形と同じ公式 $S=x/2+y+1/2$ は成り立たないようです。

もう 1 つの例を調べてみましょう。

例題 9.4 図 9.12 の格子四角形 ABCD について，面積 S と $x/2+y+1/2$ の値を比較せよ。

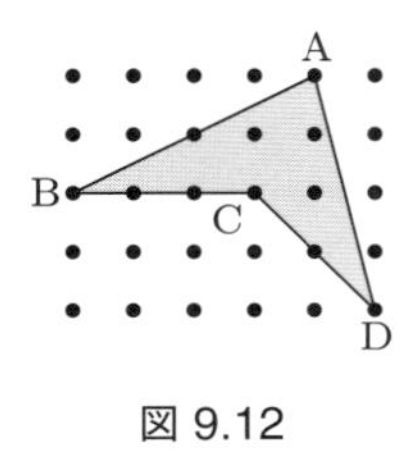

図 9.12

まず，面積を計算します。図 9.13 のように大きな長方形 PQDR で囲んで，その面積から三角形 APB, BQC, QDC, DRA の面積を引きます。長方形 PQDR の面積は $4\times5=20$ です。三角形 APB, BQC, QDC, DRA の面積は順に $4,3,5,2$ です。よって，面積は

$$S=20-(4+3+5+2)=20-14=6$$

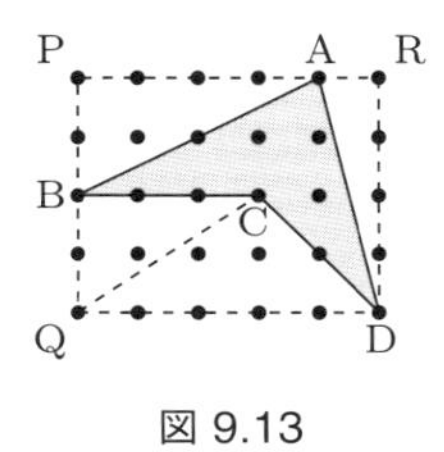

図 9.13

です。一方で，辺の上にある格子点は 4 個で，内部にある格子点は 3 個ですから，

$$\frac{x}{2} + y + \frac{1}{2} = \frac{4}{2} + 3 + \frac{1}{2} = 2 + 3 + \frac{1}{2} = \frac{11}{2}$$

となります。この値は面積 $S = 6$ と異なるので，図 9.12 の格子四角形 ABCD についても，等式 $S = x/2 + y + 1/2$ は成り立ちません。

以上のように，格子四角形については等式 $S = x/2 + y + 1/2$ が成り立っていないようです。しかし，ここで諦めてしまってはいけません。すでに得られた結果を拡張するとき，たいていの場合は何らかの修正が必要です。では，どのように修正すればよいでしょうか。上の 2 つの例における面積 S と $x/2 + y + 1/2$ の値を，次の表にまとめました。この表のなかの値を比較して，考えてみてください。

	面積 S	$x/2 + y + 1/2$
図 9.11	11	21/2
図 9.12	6	11/2

上の表を見ると，どちらの例でも面積 S のほうが 1/2 だけ大きいです。よって，

$$S = \left(\frac{x}{2} + y + \frac{1}{2}\right) + \frac{1}{2} = \frac{x}{2} + y + 1$$

と修正すると，この等式は上の 2 つの例で成り立ちます。これで面積が本当に計算できるのか，別の格子四角形で確かめてみましょう。

例題 9.5　図 9.14 の四角形 ABCD について，面積 S と $x/2+y+1$ の値を比較せよ。

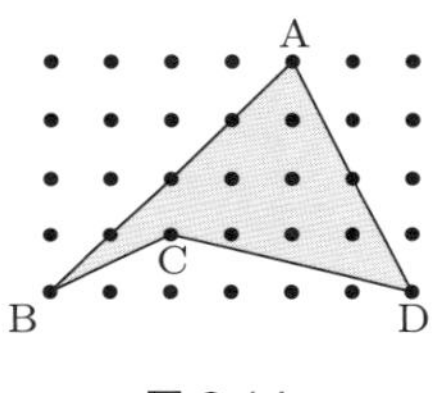

図 9.14

まず，面積を計算します。四角形 ABCD の面積は，三角形 ABD の面積から三角形 BCD の面積を引けば計算できます（図 9.15）。三角形 ABD の面積は $6 \times 4 \times 1/2 = 12$ で，三角形 BCD の面積は $6 \times 1 \times 1/2 = 3$ です。よって，四角形 ABCD の面積 S は

$$S = 12 - 3 = 9$$

です。一方で，辺の上にある格子点は 4 個，内部にある格子点は 6 個ですから，

$$\frac{x}{2} + y + 1 = \frac{4}{2} + 6 + 1 = 2 + 6 + 1 = 9$$

となります。したがって，面積 S と $x/2 + y + 1$ の値は等しいです。

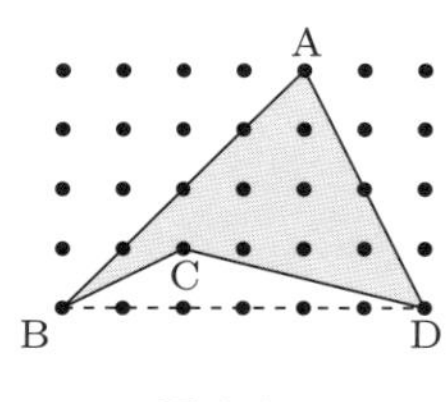

図 9.15

以上の考察で格子四角形の場合の予想が得られました。

予想　格子四角形の面積 S は，辺の上にある格子点の個数 x と，内部にある格子点の個数 y によって

$$S = \frac{x}{2} + y + 1$$

と表されるだろう。

■ 格子五角形の場合

例題 9.6　図 9.16 の格子五角形 ABCDE について，面積 S と $x/2 + y + 1/2$ の値を比較せよ。

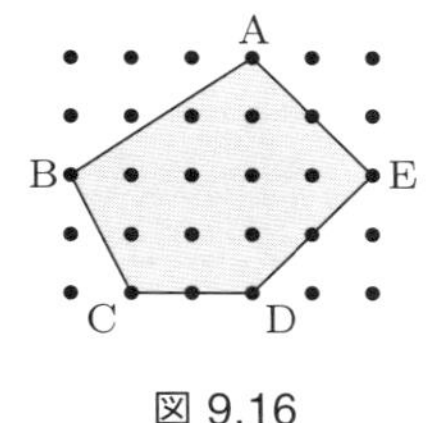

図 9.16

まず，面積を計算します。ここでは図 9.17 のように点 P と点 Q を取って，3 つの三角形 ABQ, BCP, DEA と，1 つの正方形 CDQP に分割します。それぞれの部分の面積は，順に $3, 1, 4, 4$ となりますから，五角形 ABCDE の面積は

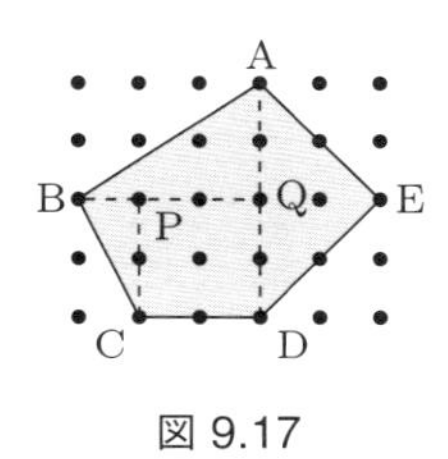

図 9.17

$$S = 3 + 1 + 4 + 4 = 12$$

です。一方で，辺の上にある格子点は，辺 CD, DE, EA にそれぞれ 1 個ずつあるので，全部で 3 個です。そして，内部にある格子点は 9 個です。よって，

$$\frac{x}{2} + y + \frac{1}{2} = \frac{3}{2} + 9 + \frac{1}{2} = 11$$

です。これは面積 $S = 12$ と等しくありません。

具体例をもう 1 つ考えましょう。

例題 9.7 図 9.18 の格子五角形 ABCDE について，面積 S と $x/2 + y + 1/2$ を計算せよ。

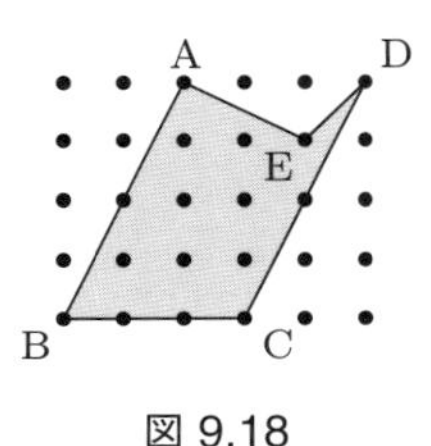

図 9.18

面積 S を計算します。図 9.19 のように点 A と点 D を結ぶと平行四辺形 ABCD ができます。この平行四辺形は，辺 BC を底辺とみなすと高さは 4 ですから，面積は $3 \times 4 = 12$ です。そして，三角形 AED の面積は $3 \times 1 \times 1/2 = 3/2$ ですから，五角形 ABCDE

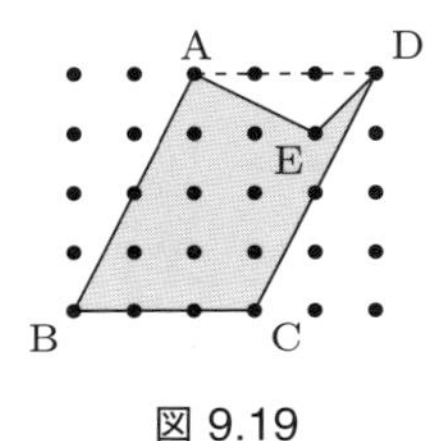

図 9.19

の面積は

$$S = 12 - \frac{3}{2} = \frac{21}{2}$$

です。一方で，辺の上にある格子点は 4 個，内部にある格子点は 7 個ですから

$$\frac{x}{2} + y + \frac{1}{2} = \frac{4}{2} + 7 + \frac{1}{2} = \frac{19}{2}$$

です。これも面積 $S = 21/2$ とは一致していません。

では，格子四角形のときと同様に，面積 S と $x/2 + y + 1/2$ の値を比較しましょう。

	面積 S	$x/2 + y + 1/2$
図 9.16	12	11
図 9.18	21/2	19/2

どちらの例でも面積 S のほうが 1 だけ大きくなっています。ということは

$$S = \left(\frac{x}{2} + y + \frac{1}{2}\right) + 1 = \frac{x}{2} + y + \frac{3}{2}$$

と修正すれば，格子五角形の場合に成り立ちそうです。

予想　格子五角形の面積 S は，辺の上にある格子点の個数 x と，内部にある格子点の個数 y によって，

$$S = \frac{x}{2} + y + \frac{3}{2}$$

と表されるだろう。

この予想が正しいかどうか，格子五角形の具体例をつくって確認してみてください。

■ **一般の場合**

ここでいままでの議論を振り返って，格子六角形，格子七角形，$\cdots$ と続けていくとどうなるか，見当をつけましょう。格子三角形，格子四角形，格子五角形の場合の予想の式を並べてみます。

$$\text{格子三角形の場合} \quad S = x/2 + y + 1/2$$

$$\text{格子四角形の場合} \quad S = x/2 + y + 1$$

$$\text{格子五角形の場合} \quad S = x/2 + y + 3/2$$

ここに何か規則性はあるでしょうか。

右辺の定数項に注目しましょう。上から順に $1/2, 1, 3/2$ と，$1/2$ ずつ増えています。そうすると，次に来るのは 2 ですから，

$$\text{格子六角形の場合} \quad S = x/2 + y + 2$$

ではないかと見当がつきます。具体例で確認しましょう。

例題 9.8 図 9.20 の格子六角形 ABCDEF について，等式 $S = x/2 + y + 2$ が成り立つかどうか調べよ。

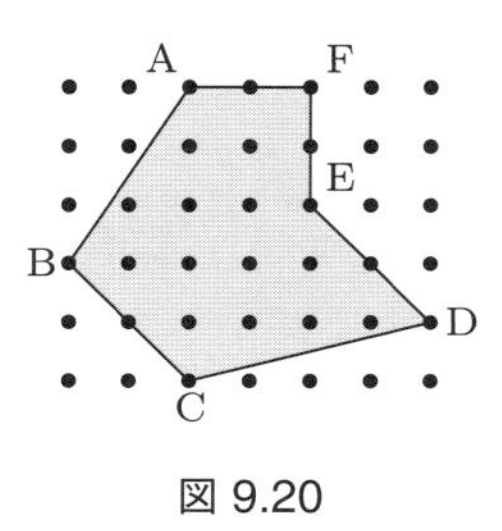

図 9.20

まず，面積 S を計算します。図 9.21 のように点 P と点 Q を取って，3 つの三角形 ABC, CDP, DEQ と 1 つの長方形 APQF に分けます。それぞれの面積は順に $5, 2, 2, 8$ となります。よって，全体

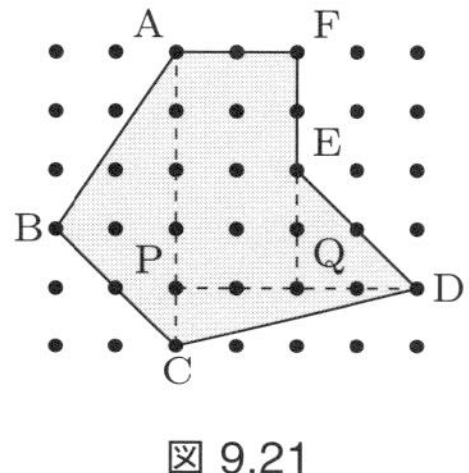

図 9.21

の面積 S は

$$S = 5 + 2 + 2 + 8 = 17$$

です。一方で，辺 BC, DE, EF, FA の上に 1 個ずつ格子点がありますから $x = 4$ で，内部の格子点の個数 y は 13 です。よって，

$$\frac{x}{2} + y + 2 = \frac{4}{2} + 13 + 2 = 17$$

となって，この値は面積 S と等しいです。

上の例題の結果から，格子六角形の場合の予想も正しそうです。よって，

格子三角形の場合　$S = x/2 + y + 1/2$

格子四角形の場合　$S = x/2 + y + 1$

格子五角形の場合　$S = x/2 + y + 3/2$

格子六角形の場合　$S = x/2 + y + 2$

となって，右辺の定数項が 1/2 ずつ増えるという規則性があると期待できます。

では，一般に格子 n 角形の場合には，右辺の定数項はどうなるでしょうか。次のように定数項を分数の形で書いて表にしてみると，答えが見えてきます。

n	3	4	5	6
定数項	1/2	2/2	3/2	4/2

上下の行を見比べると，定数項の分子が n よりも 2 だけ小さいことがわかります。よって，格子 n 角形の場合の定数項は $(n-2)/2$ だろうと予想されます。

予想　格子 n 角形の面積を S とする。辺の上にある格子点の個数を x とし，内部にある格子点の個数を y とすると，

$$S = \frac{x}{2} + y + \frac{n-2}{2}$$

が成り立つだろう。

さて，この等式は正しいでしょうか。例題 8.6 で考えた複雑な多角形で確かめてみましょう。

例題 9.9　図 9.22 の格子多角形について，等式 $S = x/2 + y + (n-2)/2$ が成り立つかどうか調べよ。

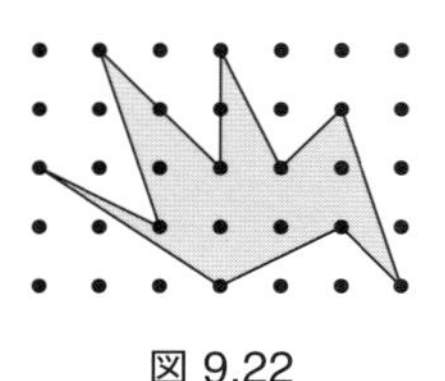

図 9.22

例題 8.6 で計算したように，この格子多角形の面積 S は 9 です。一方で，図 9.22 の格子多角形は十角形なので $n = 10$ です。そして，辺の上には 2 個の格子点があり，内部には 4 個の格子点があります。よって $x = 2, y = 4$ です。以上より，

$$\frac{x}{2} + y + \frac{n-2}{2} = \frac{2}{2} + 4 + \frac{8}{2} = 1 + 4 + 4 = 9$$

です。よって，等式 $S = x/2 + y + (n-2)/2$ が成り立ちます。

これは偶然でしょうか。疑わしいなら，具体例をつくって確かめてください。「よい答えが得られた！」と感じるときほど，冷静に検証しないと間違えてしまいます。

私たちは「格子多角形の面積を，その上にある格子点の個数で表す」という問題を考え，次の答えにたどり着きました。

$$S = \frac{x}{2} + y + \frac{n-2}{2}$$

さて，この答えにはもう少し改善の余地があります。上の公式を使うためには，n の値を決めるのに，多角形の境界をたどって格子多角形の頂点の個数を数えなければなりません。さらに，辺の上にある格子点の個数 x を数えるときにも，多角形の境界をたどることになります。よって，n と x の値を求めるために，境界を 2 度たどらなければならないのです。頂点と辺の上の格子点を区別して数えるので，図 9.22 のように境界が複雑な格子多角形だと，この作業はかなり面倒です。

しかし，答えの式をよく見てみると，

$$\frac{x}{2} + y + \frac{n-2}{2} = \frac{x}{2} + y + \frac{n}{2} - 1 = \frac{x+n}{2} + y - 1$$

と変形できることに気がつきます。右辺の $x+n$ は，頂点の個数と辺の上にある格子点の個数の和です。よって，x と n のそれぞれが必要なのではなくて，これらの和 $x+n$ だけがわかれば十分です。この和を求めるためには，辺の上の格子点と頂点を区別せずに数えればよいので，多角形の境界をたどるのは 1 回で済みます。

そこで，「辺の上にある格子点」として頂点も含めて数えることにして，データを設定し直せば，私たちの予想は次のように述べられます。

予想　格子多角形の辺の上にある格子点（頂点を含む）の個数を x とし，内部にある格子点の個数を y とするとき，その面積 S は

$$S = \frac{x}{2} + y - 1$$

と表されるだろう。

この章ではたくさんの格子多角形について，上の等式が成り立っていることを確認しました。しかし，これはあくまでも予想でしかありません。私たちが調べていない格子多角形については，この公式が成り立っていないかもしれないからです。モーザーの円分割問題のことを思い出してください（37 ページ（2.3 節））。ですから，上の予想が正しいことをきちんと証明しなければ，問題が解けたことにはなりません。次章では，上の等式の証明を考えましょう。

10 問題を解く——証明する

この章では，前章の考察で得られた予想

$$S = \frac{x}{2} + y - 1$$

の証明を考えます。本論に入る前に，ここで言葉づかいの約束をします。

まず，前章の最後で述べたように，格子多角形の辺の上の格子点を数えるときには，頂点も含めて数えます。そこで，この章で「辺の上にある格子点」と言ったら，とくに断わらない限り頂点も含めます。

次に，私たちが証明したい等式の右辺の値を，その格子多角形の**ピック数**とよぶことにします[1)]。すなわち，格子多角形の辺の上にある格子点の個数を x とし，内部にある格子点の個数を y とするとき，この格子多角形のピック数 P とは

$$P = \frac{x}{2} + y - 1$$

によって定まる値のことです。

10.1 簡単な場合に証明してみる

さて，上の公式を証明するといっても，すぐには方針が立たない

1) まえがきでも述べたように，以下で証明したい公式 $S = x/2 + y - 1$ は，数学者ピックによって発見されたものなので，ピックの名前を取って「ピック数」と名づけます。これは本書だけの用語です。

でしょう。このようなときには，簡単な場合に証明を考えてみて感じをつかむとよいです。

私たちが証明したいのは，面積とピック数が等しいことです。よって，これらの量が簡単に計算できる場合であれば，証明は易しいでしょう。では，どのような格子多角形であれば，面積 S とピック数 P が簡単に計算できるでしょうか。

■ 標準長方形の場合

ここでは，図 10.1 のような，x 軸方向と y 軸方向の辺をもつ長方形を考えてみます。

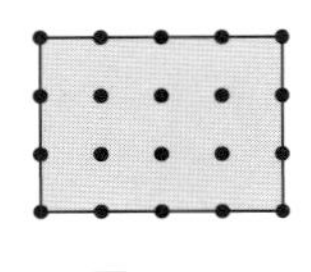

図 10.1

この形であれば，面積もすぐにわかりますし，辺および内部にある格子点の個数も計算できます。以下の議論では，このような長方形，すなわち「頂点が格子点で x 軸方向と y 軸方向の辺をもつ長方形」のことを，**標準長方形**とよぶことにします。

では，標準長方形の面積とピック数を計算しましょう。標準長方形を勝手に 1 つ取ります。そして，縦の辺の長さを a とし，横の辺の長さを b とします（図 10.2）。このとき，面積 S は

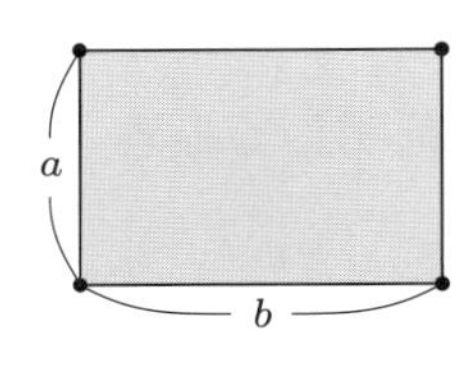

図 10.2

$$S = ab$$

です。

では，ピック数 P はどうなるでしょうか。ここでのポイントは，格子点を結ぶ線分の長さとその上にある格子点の個数の関係です。図 10.3 を見てください。左に描かれているのは，両端が格子点で長さが 3 の x 軸方向の線分です。この線分の上には，図の右のように 4 個の格子点が乗っています。このように，線分の長さと，その上の格子点の個数は 1 だけずれます。

図 10.3

以上のことを踏まえて，図 10.2 の標準長方形のピック数を計算します。まず，辺の上にある格子点を数えます。4 つの辺を，頂点とそれ以外の部分に分けます（図 10.4）。縦の辺の長さは a ですから，この上には $(a+1)$ 個の格子点が乗っています。ここから両端の点を除くと $(a+1)-2=a-1$ 個です。同様に，横の辺には両端の頂点以外の格子点が $(b-1)$ 個あります。したがって，辺の上にある格子点の個数 x は，4 つの頂点を合わせて

$$x = (a-1)+(a-1)+(b-1)+(b-1)+4 = 2a+2b$$

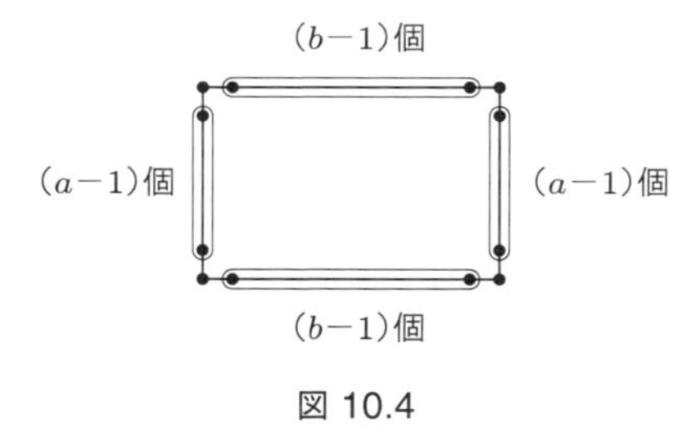

図 10.4

$$= 2(a + b)$$

です。

次に，内部にある格子点を考えます。計算すべきものは，図 10.5 のグレーの部分にある格子点の個数です。この計算には先ほどの考察が役に立ちます。グレーの部分には，格子点が長方形状に並んでいます。よって，縦と横の列にある格子点の個数の積が，内部にある格子点の個数です。では，縦と横の列には格子点がいくつあるでしょうか。これは，縦と横の辺から両端を除いた部分にある格子点の個数とちょうど同じです（図 10.6）。したがって，内部にある格子点の個数 y は

$$y = (a - 1)(b - 1)$$

です。

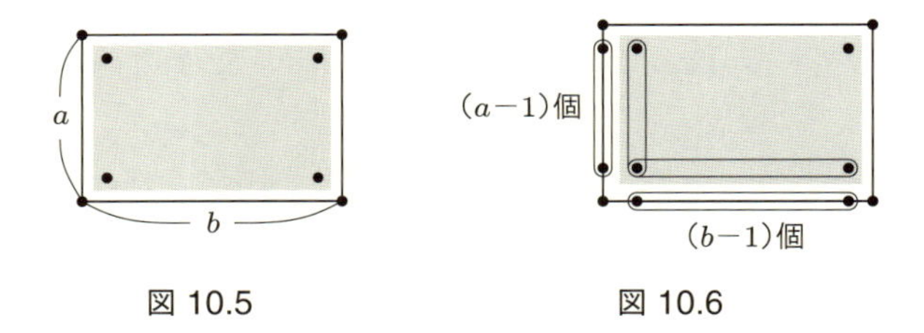

図 10.5　　図 10.6

以上の結果から，図 10.2 の標準長方形のピック数 P は

$$\begin{aligned} P &= \frac{x}{2} + y - 1 \\ &= \frac{1}{2} \cdot 2(a + b) + (a - 1)(b - 1) - 1 \\ &= (a + b) + (ab - a - b + 1) - 1 = ab \end{aligned}$$

となります。面積は $S = ab$ でしたから，等式 $S = P$ が成り立ちます。これで，私たちの予想は標準長方形について正しいことが証明

できました。

ここで少し立ち止まって，上の証明で何をしたのか，振り返りましょう。私たちは標準長方形の面積 S とピック数 P を計算し，これらが等しいことを示しました。ここで，「S と P を計算する」とは，具体的にはどういうことをしたのでしょうか。

それは，基本となる量を決めて，それを使ってある量を表すということです。上の証明では，縦と横の辺の長さを基本となる量として選んで，これらを a, b としました。そして，面積 S とピック数 P を，a と b で表して，等式 $S = P$ が成り立つことを証明しました。

このように，**ある量を計算して証明するときには，基本となる量をうまく選ぶのがポイントとなります**。しかし，たいていの場合は，基本となる量として何を選ぶべきか，最初はわかりません。さしあたって適当に何かの量を選び，それを文字で表して計算してみて，うまくいかなかったら別の量を使って最初からやり直す。このような試行錯誤が必要となります。

■ 標準直角三角形の場合

上で考えた標準長方形は，面積 S とピック数 P のどちらも計算できるので，等式 $S = P$ を簡単に証明できました。では，標準長方形の次に証明が簡単なのは，どのような場合でしょうか。

面積とピック数のどちらも計算するのが難しければ，証明も難しいでしょう。ですから，面積とピック数の少なくとも一方は簡単に計算できる場合を考えるのがよさそうです。そのような図形はいろいろあるでしょうが，ここでは図 10.7 のように，標準長方形を対角線で切ってできる直角三角形を考えます。この直角三角形であれば，縦と横の辺の長さの積に 1/2 を掛ければ面積が計算できます。

このような直角三角形に名前を付けましょう。図 10.7 のように，

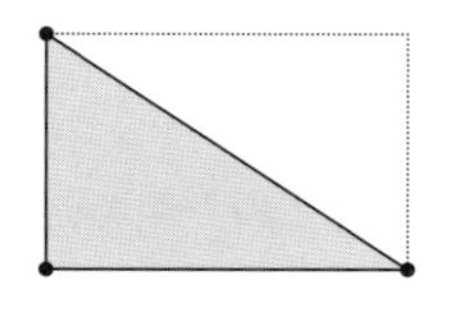

図 10.7

格子点を頂点とする直角三角形で，x 軸方向と y 軸方向の辺をもつものを，以下では**標準直角三角形**とよぶことにします。

では，標準直角三角形の面積とピック数を計算しましょう。図 10.8 のように，角 ABC が直角で，辺 AB が y 軸方向，辺 BC が x 軸方向となるように，頂点に名前を付けます。面積とピック数を計算するための基本となる量を選ばなければなりませんが，とりあえず辺 AB と辺 BC の長さを使うことにします。そこで，辺 AB の長さを a とし，辺 BC の長さを b とします。

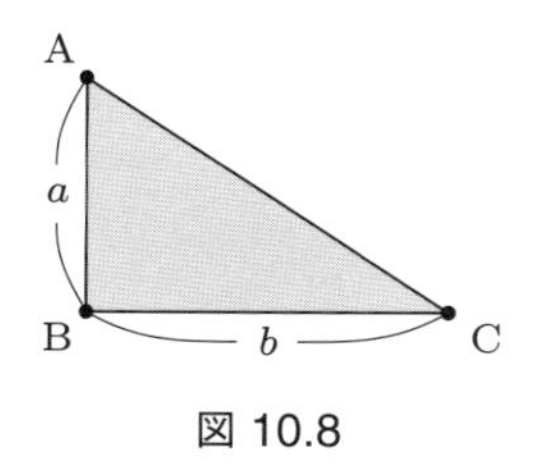

図 10.8

まず，面積を計算します。角 ABC は直角ですから，辺 BC を底辺とみなせば，辺 AB の長さが高さです。よって，三角形 ABC の面積 S は

$$S = \frac{ab}{2}$$

です。

では，ピック数はどうなるでしょうか。これはそれほど簡単ではありません。辺の上にある格子点の個数を数えてみると，辺 AB お

よび辺 BC の両端以外の部分には，それぞれ $(a-1)$ 個，$(b-1)$ 個あることはわかります（図 10.9）。しかし，斜辺 AC の上にある格子点の個数が，a と b を使ってどのように表されるのか，すぐにはわかりません。また，内部にある格子点の個数を a と b で表すのも簡単ではなさそうです。

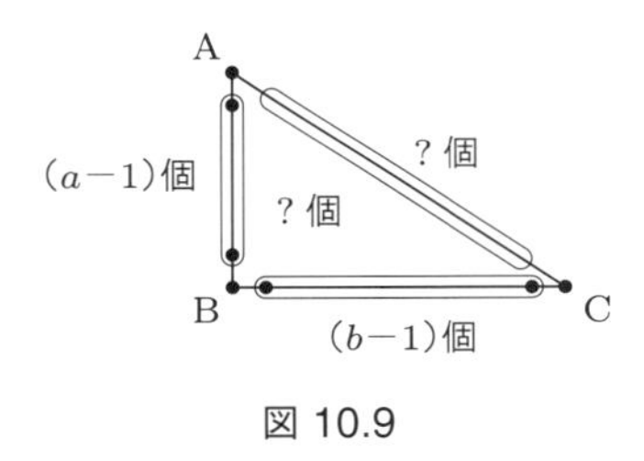

図 10.9

では，どうすればよいでしょうか。ここで，17 ページ（2.2 節）で説明した「問題の設定からわかることをとらえる」という方法を使いましょう。データとして，直角をはさむ 2 つの辺 AB の長さ a と辺 BC の長さ b が指定されています。条件は，三角形 ABC が標準直角三角形であることです。ここから，三角形 ABC の斜辺および内部にある格子点の個数について，何がわかるでしょうか。

標準直角三角形は，標準長方形を対角線で分けたものでした。そこで，四角形 ABCD が標準長方形となるように点 D を取ってみます（図 10.10）。このとき，三角形 CDA は三角形 ABC を 180° 回転させたものです。回転の中心は斜辺 CA の中点で，この回転に

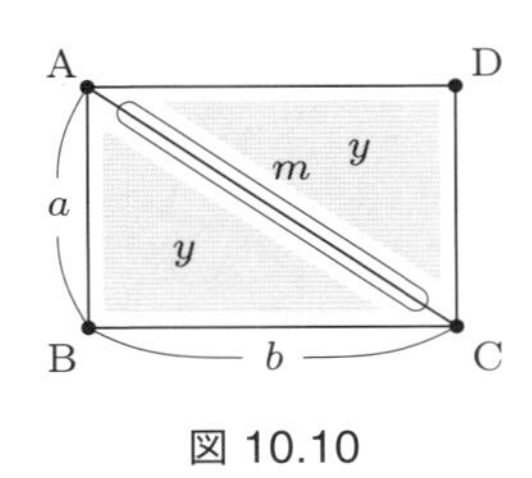

図 10.10

よって格子点は格子点に移ります。よって，三角形 CDA の内部にある格子点の個数は，三角形 ABC の内部にある格子点の個数 y に等しいです。

いま，斜辺 CA の両端を除いた部分にある格子点の個数を m とします。長方形 ABCD の内部にある格子点は，三角形 ABC の内部，三角形 CDA の内部，斜辺 CA の両端を除いた部分のいずれか 1 つだけに必ずありますから，長方形 ABCD の内部にある格子点の個数は $y + y + m$ すなわち $2y + m$ です。一方で，辺 AB の長さを a とし，辺 BC の長さを b としたのですから，154 ページの議論から標準長方形 ABCD の内部にある格子点の個数は $(a-1)(b-1)$ です。以上より

$$2y + m = (a-1)(b-1)$$

という関係が得られます。

私たちの目標は，標準直角三角形 ABC のピック数 P を，a と b を使って表すことでした。しかし，そのために必要な量 m と y については，上の関係式しか得られていません。そこで，18 ページ（2.2 節）で説明した「ゴールから逆をたどる」という方法を使います。上で得られた関係を利用して，ピック数を書き直し，面積の式 $S = ab/2$ と比較してみましょう。

斜辺 CA の両端を除いた部分にある格子点の個数を m としました。この m と a, b を使うと，三角形 ABC の辺の上にある格子点の個数 x は

$$x = (a-1) + (b-1) + m + 3 = a + b + m + 1$$

と表されます（図 10.11）。

三角形 ABC の内部にある格子点の個数 y は，上の関係式 $2y + m = (a-1)(b-1)$ を，y について解けば計算できます。

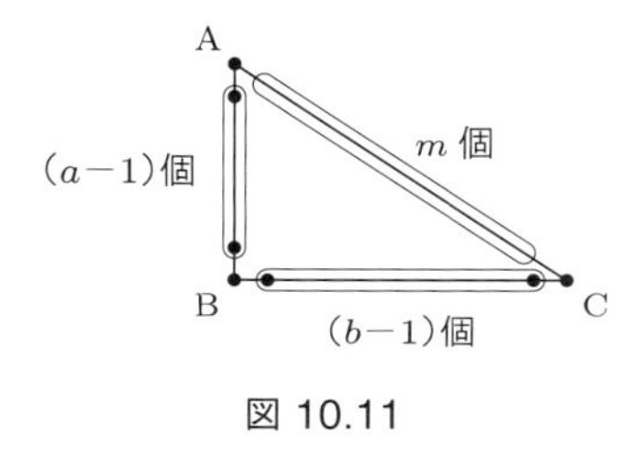

図 10.11

両辺から m を引いて $1/2$ を掛ければ

$$y = \frac{1}{2}\{(a-1)(b-1) - m\}$$

となります。

以上の結果を使ってピック数を計算すると，次のようになります。

$$\begin{aligned} P &= \frac{x}{2} + y - 1 \\ &= \frac{1}{2}(a+b+m+1) + \frac{1}{2}\{(a-1)(b-1) - m\} - 1 \\ &= \frac{1}{2}(a+b+m+1) + \frac{1}{2}(ab - a - b + 1 - m) - 1 = \frac{ab}{2} \end{aligned}$$

計算してみると，三角形 ABC の面積 $S = ab/2$ と一致しました！これで標準直角三角形についても，等式 $S = P$ は正しいことが証明できました。

以上の証明を振り返っておきましょう。標準直角三角形 ABC のピック数を計算するためには，斜辺 CA の上にある格子点の個数 m と，三角形 ABC の内部にある格子点の個数 y が必要でした。斜辺以外の辺の長さ a と b を決めれば，これらの量はただ 1 通りに決まるので，a と b を使って何らかの式で表せるはずです。しかし，それをしなくても等式 $S = P$ は証明できました。その理由は，三角形 ABC が標準直角三角形であることから得られる関係式

$2y+m=(a-1)(b-1)$ を使えば，ピック数を a と b だけで表せたからです。これは，問題のゴールから逆にたどり，ピック数を実際に計算してみて初めてわかったことです。この証明からわかるように，問題を解くときにはゴールを常に意識することが重要です。

10.2　格子三角形についての証明

5.3 節で説明した「積み重ね型の場合分け」について思い出してください。私たちは，前節で標準長方形と標準直角三角形の場合について予想が正しいことを証明しました。そこで，積み重ね型の場合分けを意識して，前節の結果を使って一般の格子三角形の場合に証明できないか，考えてみましょう。

■ x 軸方向または y 軸方向の辺をもつ格子三角形の場合

格子三角形にはいろいろな形がありますが，図 10.12 のように，標準直角三角形をくっつけてできる格子三角形であれば考えやすいでしょう。

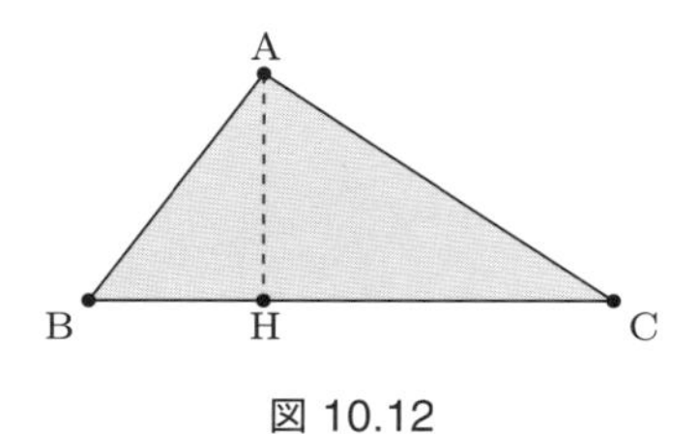

図 10.12

図 10.12 のように三角形の頂点に A, B, C と名前を付け，点 A から辺 BC に下ろした垂線の足を H とします。このとき，三角形 ABH と三角形 ACH は標準直角三角形ですから，前節で証明したように面積とピック数は等しいです。このことを使って，全体の三

角形 ABC についても等しいことを証明できないでしょうか。

前節と同様に，三角形 ABC の面積とピック数を計算しましょう。このとき，何を基本の量とするのかが問題ですが，三角形 ABH と ACH について面積とピック数が等しいことを使いたいのですから，これらの辺および内部にある格子点の個数を選ぶのがよいでしょう。そこで，図 10.13 のように，辺 AB, BH, HA, HC, CA の両端以外の部分にある格子点の個数を順に $m_1, m_2, \ldots, m_5$ とし，三角形 ABH の内部にある格子点の個数を y_1，三角形 ACH の内部にある格子点の個数を y_2 とします。

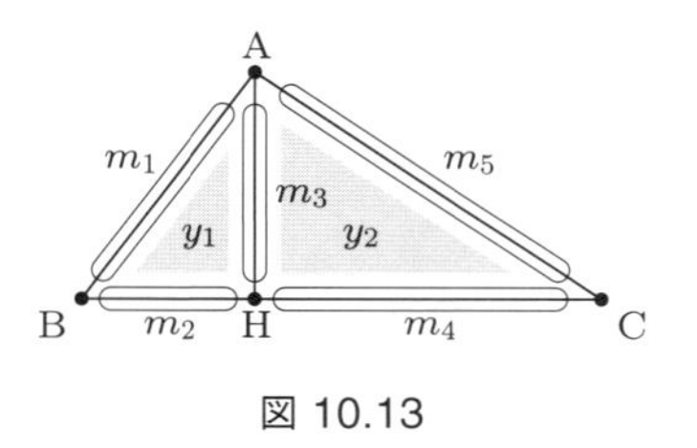

図 10.13

計算したい未知のものは三角形 ABC の面積とピック数です。上で定めた 7 つの量 $m_1, m_2, \ldots, m_5, y_1, y_2$ がデータで，三角形 ABH と ACH について面積とピック数が等しいことを条件として使えます。そこで，まずこの条件を書き下しましょう。以下，三角形 ABH の面積を S_1 とし，三角形 ACH の面積を S_2 とします。

まず，三角形 ABH について，辺の上にある格子点の個数は $m_1 + m_2 + m_3 + 3$ で，内部にある格子点の個数は y_1 です。面積とピック数は等しいので，

$$(*1) \qquad S_1 = \frac{1}{2}(m_1 + m_2 + m_3 + 3) + y_1 - 1$$

です。同様に，三角形 ACH の辺の上にある格子点の個数は $m_3 + m_4 + m_5 + 3$ で，内部にある格子点の個数は y_2 ですから，

$$(*2) \qquad S_2 = \frac{1}{2}(m_3 + m_4 + m_5 + 3) + y_2 - 1$$

が成り立ちます。これらの等式 (*1) と (*2) が，私たちが使える条件です。

では，三角形 ABC の面積 S とピック数 P を計算しましょう。まず，面積 S を計算します。三角形 ABC は二つの三角形 ABH と ACH を合わせたものですから，$S = S_1 + S_2$ が成り立ちます。そして，S_1 と S_2 はそれぞれ (*1) と (*2) で表されるのですから

$$\begin{aligned} S_1 + S_2 &= \left\{\frac{1}{2}(m_1 + m_2 + m_3 + 3) + y_1 - 1\right\} \\ &\quad + \left\{\frac{1}{2}(m_3 + m_4 + m_5 + 3) + y_2 - 1\right\} \end{aligned}$$

です。この右辺を展開して計算すると，三角形 ABC の面積 S は

$$\begin{aligned} (*3) \qquad S &= \frac{1}{2}m_1 + \frac{1}{2}m_2 + m_3 + \frac{1}{2}m_4 + \frac{1}{2}m_5 \\ &\quad + y_1 + y_2 + 1 \end{aligned}$$

と表されることがわかります。

次に，ピック数を考えます。まず，三角形 ABC の辺の上の格子点の個数 x を計算します。図 10.13 のように，三角形 ABC の辺は，4 つの線分 AB, BH, HC, CA を合わせたものですから

$$x = m_1 + m_2 + m_4 + m_5 + 4$$

です。頂点 A, B, C のほかに，点 H も合わせて数えなければならないので，右辺の最後に 4 を加えています。次に，内部の格子点の個数 y を計算します。三角形 ABC の内部は，三角形 ABH と ACH の内部，そして線分 AH の両端を除いた部分からなります。よって，

$$y = y_1 + m_3 + y_2$$

です。以上より，三角形 ABC のピック数は

$$\begin{aligned} P &= \frac{x}{2} + y - 1 \\ &= \frac{1}{2}(m_1 + m_2 + m_4 + m_5 + 4) + (y_1 + m_3 + y_2) - 1 \\ &= \frac{1}{2}m_1 + \frac{1}{2}m_2 + m_3 + \frac{1}{2}m_4 + \frac{1}{2}m_5 + y_1 + y_2 + 1 \end{aligned}$$

となります。この右辺は $(*3)$ の右辺と等しいです。したがって，図 10.12 の形の三角形について，面積とピック数は等しいです。

上の議論で，図 10.12 の形の格子三角形の面積とピック数が等しいことを証明しました。この三角形は，x 軸方向の辺 BC をもち，頂点 A から辺 BC に下ろした垂線の足 H が辺 BC 上にあるような格子三角形です。x 軸方向の辺をもつ格子三角形としては，図 10.14 のように，垂線の足 H が辺 BC の外に出てしまうものもあります。そこで，この場合についても面積とピック数は等しいかどうか，考えてみましょう。

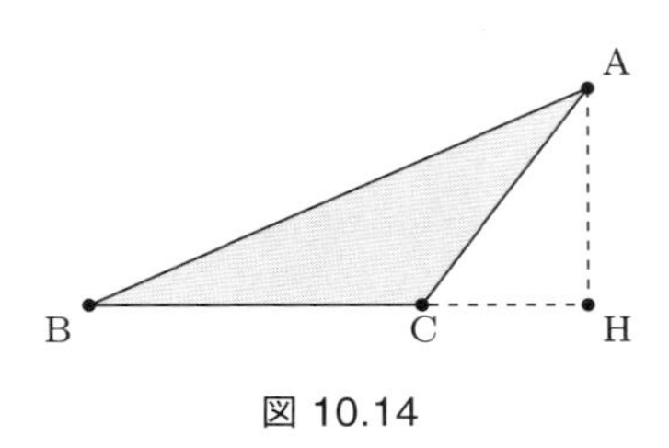

図 10.14

図 10.14 のなかには二つの標準直角三角形 ABH と ACH があることに注目してください。これらについて面積とピック数が等しいことは，前節ですでに証明しました。このことを利用しましょう。

先ほどと同様に，辺と内部にある格子点の個数を表す文字を図

10.15 のように定めます。辺 AB, BC, CA, CH, HA の両端を除いた部分にある格子点の個数を順に $m_1, m_2, \ldots, m_5$ とします。三角形 ABC のピック数を計算することを念頭において，三角形 ABC の内部にある格子点の個数は y と表すことにします。そして，三角形 ACH の内部にある格子点の個数は y_1 とします。

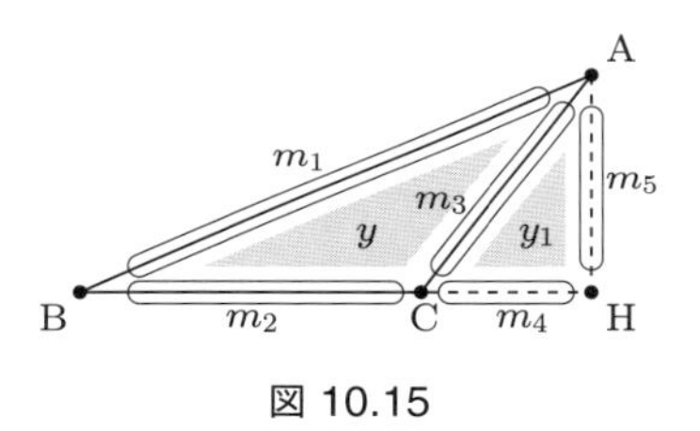

図 10.15

標準直角三角形 ABH と ACH について，面積とピック数が等しいという条件を書き下します。三角形 ABH の面積を S_1 とし，三角形 ACH の面積を S_2 とします。以下，図 10.15 をよく見ながら読み進めてください。

まず，標準直角三角形 ABH について，辺の上にある格子点の個数は $m_1 + m_2 + m_4 + m_5 + 4$ で，内部にある格子点の個数は $y + m_3 + y_1$ です。三角形 ABH の面積とピック数は等しいのですから，

$$(*1) \qquad S_1 = \frac{1}{2}(m_1 + m_2 + m_4 + m_5 + 4) + (y + m_3 + y_1) - 1$$

です。次に，標準直角三角形 ACH について，辺の上にある格子点の個数は $m_3 + m_4 + m_5 + 3$ で，内部にある格子点の個数は y_1 です。よって，

$$(*2) \qquad S_2 = \frac{1}{2}(m_3 + m_4 + m_5 + 3) + y_1 - 1$$

が成り立ちます。

では，全体の三角形 ABC について考えましょう。三角形 ABC の面積を S とします。三角形 ABC は直角三角形 ABH から直角三角形 ACH を取り除いた部分なので，$S = S_1 - S_2$ が成り立ちます。この右辺を等式 (∗1) と (∗2) を使って計算すると，

$$(*3) \qquad S = S_1 - S_2 = \frac{1}{2}m_1 + \frac{1}{2}m_2 + \frac{1}{2}m_3 + y + \frac{1}{2}$$

となります（確かめてください）。一方で，三角形 ABC の辺の上にある格子点の個数を x とすると，

$$x = m_1 + m_2 + m_3 + 3$$

です。内部にある格子点の個数を y としましたから，三角形 ABC のピック数は

$$\begin{aligned} P &= \frac{x}{2} + y - 1 = \frac{1}{2}(m_1 + m_2 + m_3 + 3) + y - 1 \\ &= \frac{1}{2}m_1 + \frac{1}{2}m_2 + \frac{1}{2}m_3 + y + \frac{1}{2} \end{aligned}$$

です。この右辺は (∗3) の右辺と等しいので，図 10.14 の形の格子三角形についても，面積とピック数は等しいです。

以上で，x 軸方向の辺をもつ格子三角形であれば，図 10.12 の形でも図 10.14 の形でも，面積とピック数は等しいことが証明できました。さらにこの結果から，図 10.16 のような y 軸方向の辺をもつ格子三角形についても等しいことが，以下の議論によってわかります。y 軸方向の辺をもつ格子三角形を，いずれかの頂点を中心にして 90° だけ回転させれば，x 軸方向の辺をもつ格子三角形となります。この回転操作で，三角形の面積とピック数は変わりません[2)]。

[2)] ピック数が変わらないのは，辺の上にある格子点および内部にある格子点の個数が，格子点を中心として 90° 回転させる操作を行っても変わらないからです。

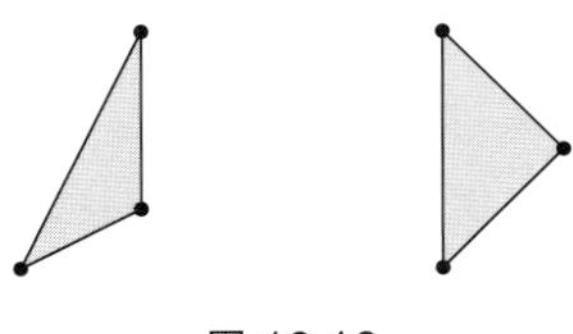

図 10.16

そして，x 軸方向の辺をもつ格子三角形について面積とピック数は等しいことがわかっているので，もとの y 軸方向の辺をもつ格子三角形についても等しいのです。

対称性の利用　上で述べた y 軸方向の辺をもつ場合の証明の考えかたは，「対称性の利用」とよばれる手法の一例です。**対称性**とは，ある操作に関して何かが不変であることを意味します。たとえば，図 10.17 の図形は左右対称です。この対称性は，直線 ℓ に関する折り返しで形が変わらないことを意味します（図 10.18）。

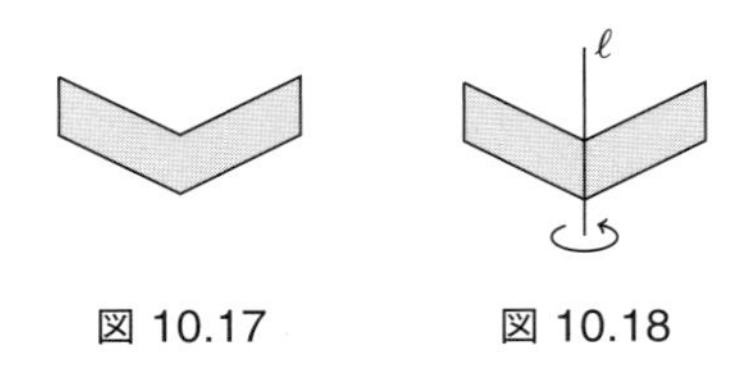

図 10.17　　図 10.18

対称性をうまく使うと，同じ議論の繰り返しを避けられることがあります。先ほどの議論では，格子点を中心とする 90° の回転で，面積とピック数が変わらないという対称性を使いました。もちろん，y 軸方向の辺をもつ格子三角形についても，x 軸方向の辺をもつ場合（図 10.12 と図 10.14）と同じような計算を再び行えば証明できます。しかし，対称性を使えば同じ計算を繰り返さずに済むのです。このように，対称性の利用は，場合分けを使う議論でしばしば有効です。

ただし，**対称性を使って議論を省略するときには，「どの操作に関して」「何が変わらないのか」の 2 つをきちんと押さえておかないと，間違えてしまうことがあります**。その意味で，対称性を使う議論はやや高度なものです。もし不安があれば，重複をいとわずに議論を書き下してみて，その後でどのような対称性が使えるのかを考えるのがよいでしょう。3.3 節で述べたように，きちんとした答えはいきなり書き下せるものではないことを思い出してください。

■ 一般の格子三角形の場合

160〜166 ページでは，x 軸方向または y 軸方向の辺をもつ格子三角形について，面積とピック数が等しいことを証明しました。では，これ以外の場合，すなわち，どの辺も x 軸・y 軸方向でない格子三角形についてはどうでしょうか。ここでは，次の 2 種類の格子三角形を考えます。

タイプ A：標準長方形の 3 つの角を標準直角三角形で切り取ったもの（図 10.19）

タイプ B：標準直角三角形の内部の 1 点と斜辺の両端を頂点とするもの（図 10.20）

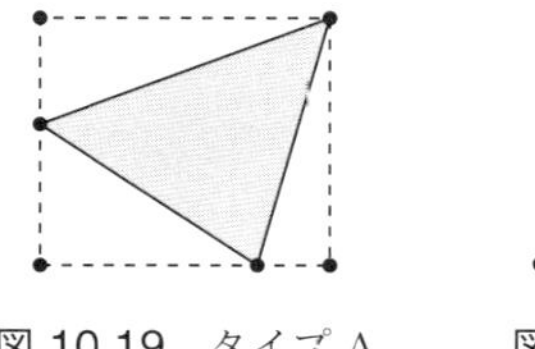

図 10.19　タイプ A

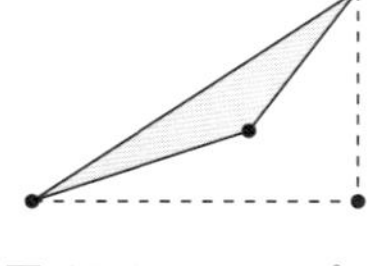

図 10.20　タイプ B

タイプ A の格子三角形の場合　図 10.21 のように，三角形の頂点を A, B, C とし，まわりの標準長方形の A 以外の頂点を D, E, F とします。標準長方形と標準直角三角形については，面積とピック

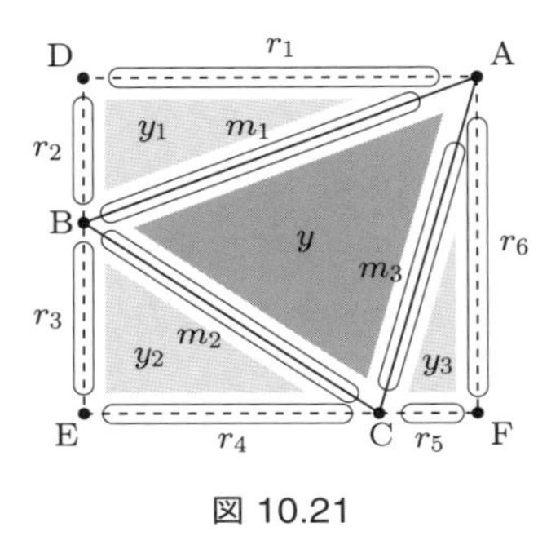

図 10.21

数が等しいことがわかっています。このことを利用して，格子三角形 ABC についても等しいことを証明します。

図 10.21 のように，辺 AD, DB, BE, EC, CF, FA の両端を除いた部分にある格子点の個数を順に $r_1, r_2, \ldots, r_6$ とし，辺 AB, BC, CA の両端を除いた部分にある格子点の個数を m_1, m_2, m_3 とします。三角形 ADB, BEC, CFA の内部にある格子点の個数を y_1, y_2, y_3 とし，三角形 ABC の内部にある格子点の個数を y とします。

標準長方形 ADEF と標準直角三角形 ADB, BEC, CFA については，面積とピック数は等しいことがわかっています。この条件を書き下しましょう。標準直角三角形 ADB, BEC, CFA の面積を順に S_1, S_2, S_3 とし，三角形 ABC の面積を S とします。

まず，標準直角三角形 ADB について，辺の上にある格子点の個数は $r_1 + r_2 + m_1 + 3$ で，内部にある格子点の個数は y_1 です。よって，

$$(*1) \qquad S_1 = \frac{1}{2}(r_1 + r_2 + m_1 + 3) + y_1 - 1$$

です。同様に，標準直角三角形 BEC, CFA について

$$(*2) \qquad S_2 = \frac{1}{2}(r_3 + r_4 + m_2 + 3) + y_2 - 1$$

$$(*3) \qquad S_3 = \frac{1}{2}(r_5 + r_6 + m_3 + 3) + y_3 - 1$$

が成り立ちます。次に，標準長方形 ADEF について，辺の上にある格子点の個数は $r_1 + r_2 + r_3 + r_4 + r_5 + r_6 + 6$ です。また，内部にある格子点の個数は $y_1 + y_2 + y_3 + y + m_1 + m_2 + m_3$ です。標準長方形 ADEF は，標準直角三角形 ADB, BEC, CFA と格子三角形 ABC を合わせたものですから，面積は $S_1 + S_2 + S_3 + S$ です。したがって，

$$\begin{aligned}(*4) \qquad & S_1 + S_2 + S_3 + S \\ & = \frac{1}{2}(r_1 + r_2 + r_3 + r_4 + r_5 + r_6 + 6) \\ & \quad + (y_1 + y_2 + y_3 + y + m_1 + m_2 + m_3) - 1\end{aligned}$$

です。以上の 4 つの等式 (*1)〜(*4) が使える条件です。

では，格子三角形 ABC の面積とピック数を計算しましょう。まず，面積です。等式 (*4) は $S_1 + S_2 + S_3 + S$ を表していますから，ここから $S_1 + S_2 + S_3$ を引けば，三角形 ABC の面積 S が計算できます。そこで $S_1 + S_2 + S_3$ を，等式 (*1)〜(*3) の辺々を加えて計算すると，

$$\begin{aligned}S_1 + S_2 + S_3 = & \frac{1}{2}(r_1 + r_2 + r_3 + r_4 + r_5 + r_6 + m_1 + m_2 + m_3) \\ & + y_1 + y_2 + y_3 + \frac{3}{2}\end{aligned}$$

となります。この等式の辺々を等式 (*4) から引くと，面積 S が

$$(*5) \qquad S = \frac{1}{2}(m_1 + m_2 + m_3) + y + \frac{1}{2}$$

と表されることがわかります。次に，ピック数 P です。三角形 ABC の辺の上にある格子点の個数は $m_1 + m_2 + m_3 + 3$ で，内部にある格子点の個数は y です。よって，

$$
\begin{aligned}
P &= \frac{1}{2}(m_1 + m_2 + m_3 + 3) + y - 1 \\
&= \frac{1}{2}(m_1 + m_2 + m_3) + y + \frac{1}{2}
\end{aligned}
$$

です。これは (∗5) の右辺と等しいので，面積とピック数は等しいです。

タイプ B の格子三角形の場合　図 10.22 のように，三角形の頂点に A, B, C と名前を付け，三角形 ABD が標準直角三角形となるように点 D を取ります。このとき，右下の余分な部分は 2 つの三角形 ACD と BCD に分かれます。これらの三角形は x 軸もしくは y 軸方向の辺をもつので，160〜166 ページで証明したように面積とピック数は等しいです。このことを使って，三角形 ABC についても等しいことを証明しましょう。

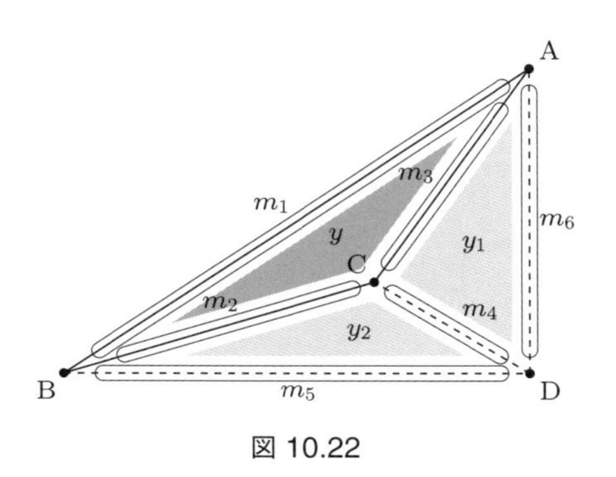

図 10.22

辺 AB, BC, CA, CD, BD, AD の両端を除いた部分にある格子点の個数を順に $m_1, m_2, \ldots, m_6$ とし，三角形 ABC, ACD, BCD の内部にある格子点の個数を y, y_1, y_2 とします。そして，三角形 ABC, ACD, BCD の面積を S, S_1, S_2 とします。

三角形 ACD の辺の上にある格子点の個数は $m_3 + m_4 + m_6 + 3$

で，内部にある格子点の個数は y_1 です。この三角形については面積とピック数が等しいので，

$$(*1) \quad S_1 = \frac{1}{2}(m_3 + m_4 + m_6 + 3) + y_1 - 1$$

です。同様に，三角形 BCD については

$$(*2) \quad S_2 = \frac{1}{2}(m_2 + m_4 + m_5 + 3) + y_2 - 1$$

が成り立ちます。最後に，標準直角三角形 ABD の面積とピック数が等しいことから，

$$\begin{aligned} S + S_1 + S_2 = & \frac{1}{2}(m_1 + m_5 + m_6 + 3) \\ & + (m_2 + m_3 + m_4 + y + y_1 + y_2 + 1) - 1 \end{aligned}$$

が成り立ちます。この両辺から，(∗1), (∗2) の辺々を引くと

$$S = \frac{1}{2}(m_1 + m_2 + m_3) + y + \frac{1}{2}$$

であることがわかります。この右辺は三角形 ABC のピック数にほかならないので，面積とピック数は等しいです。

■ すべての場合を尽くしたことを確認する

ここまでの議論を振り返ります。私たちは，まず標準長方形と標準直角三角形について面積とピック数が等しいことを証明し，その結果を使って，以下の形の格子三角形についても等しいことを証明しました。

(1) x 軸方向または y 軸方向の辺をもつ形
(2) 標準長方形の 3 つの角を標準直角三角形で切り取った形（図 10.19，タイプ A）
(3) 標準直角三角形の内部の 1 点と斜辺の両端を頂点とする形

（図 10.20，タイプ B）

これでかなりたくさんの格子三角形について証明ができたように思えます。そこで，上の 3 つのタイプ以外の格子三角形があるかどうか，少し考えてみてください。

格子三角形をいくつか描いてみると，必ず上のいずれかであることに気づくでしょう。よって，ここまでの議論だけで，すべての格子三角形について面積とピック数は等しいことが証明できたと言えそうです。しかし，5.4 節で述べたように，場合分けの議論では，自分の設定した分類がすべての場合を尽くしていることを，きちんと確認しなければなりません。いまの状況では，どんな格子三角形も上の (1)〜(3) のいずれかの形であることを証明しなければならないのです。

どうすれば証明できるのか，すぐには思いつかないかもしれませんが，以下のように格子三角形の形状を系統的に分類していくと証明できます。

格子三角形を勝手に 1 つ取ります。この格子三角形をはさむように y 軸方向の直線を 2 本とり，間隔を狭めていきます（図 10.23）。そして，格子三角形と接したところで止めます。

直線と三角形が接するときは，頂点だけで接するか，辺と接する

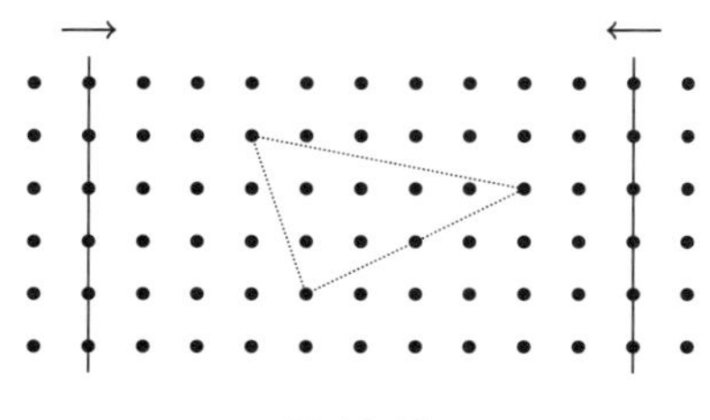

図 10.23

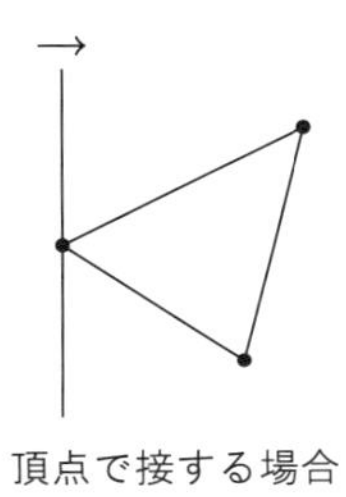

頂点で接する場合

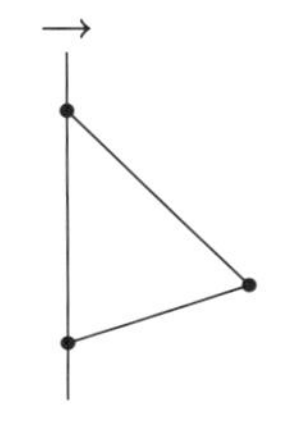

辺で接する場合

図 10.24

かの 2 通りしかありません（図 10.24）。格子三角形の両側にあるそれぞれの直線について，2 つの場合のいずれかが起こるので，すべてで 4 通りの接しかたが考えられます。しかし，2 本の直線が両方とも辺で接することはありません。もしそうなったとすると，それぞれの直線に頂点が 2 個ずつ乗ることになり，三角形の頂点は 3 個しかないことに反するからです。よって，可能性としては次の 3 通りしかあり得ません（図 10.25）。

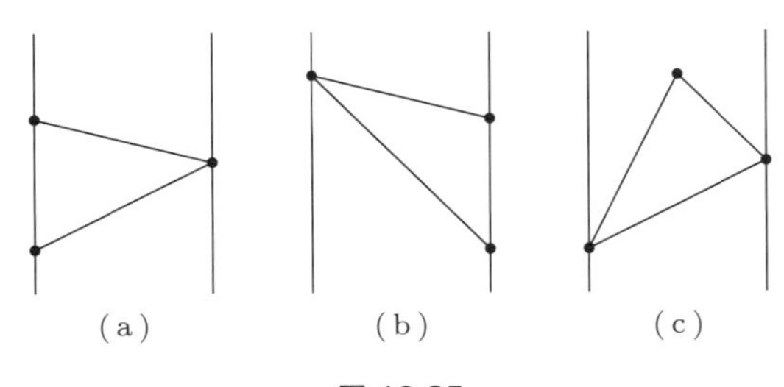

図 10.25

(a) 左の直線には辺で接し，右の直線には頂点で接する。
(b) 右の直線には辺で接し，左の直線には頂点で接する。
(c) 両方の直線に頂点で接する。

このうち (a) と (b) の場合は，格子三角形が y 軸方向の辺をもちますから，171 ページの分類の (1) の形をしています。そこで，残

りの (c) の場合について考えましょう。

(c) の場合において，両側の直線に接する頂点の高さ（y 軸方向の位置）を比較します。このとき，次の 3 つの可能性があります（図 10.26）。

(i) 右の直線に接する頂点のほうが上にある。
(ii) 左の直線に接する頂点のほうが上にある。
(iii) 接する頂点は同じ高さにある。

いずれの場合も，直線に接していない残りの 1 つの頂点は，グレーの部分のどこかにあって，とくに左右の直線上にはないことに注意してください。

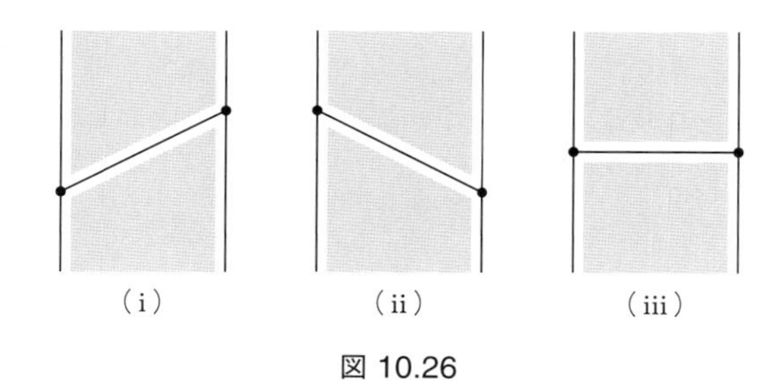

図 10.26

まず，(iii) の場合を考えます。このとき，残りの 1 つの頂点がグレーの部分のどこにあっても，三角形は x 軸方向の辺をもちます（図 10.27）。よって，格子三角形は 171 ページの分類の (1) の形です。

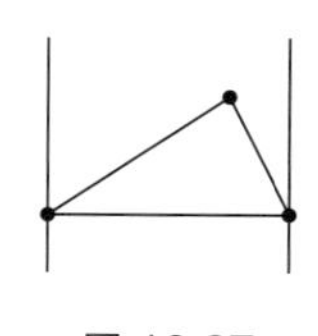

図 10.27

次に，(i) の場合を考えます。2 つの直線に接する頂点を通る x 軸方向の線分を，図 10.28 の点線のように取ります。いま，直線に接していない残りの 1 つの頂点が，この 2 本の点線の上にあれば，格子三角形は x 軸方向の辺をもちます（図 10.29）。よって，このときも 171 ページの分類 (1) の形です。

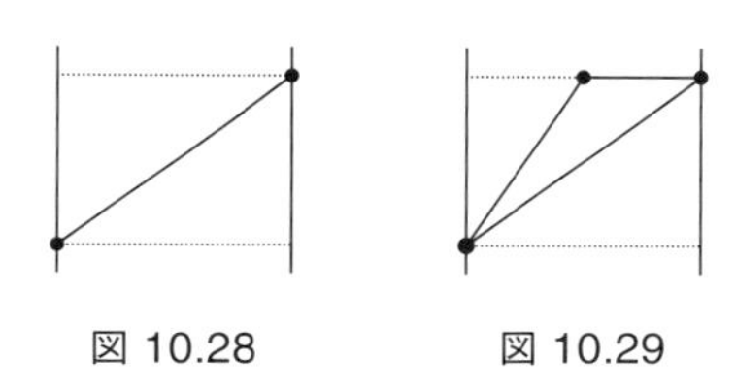

図 10.28　　図 10.29

そこで，図 10.28 の点線の上に頂点がない場合を考えます。このとき，残りの 1 つの頂点は図 10.30 の L_1〜L_4 のいずれかの部分にあります。

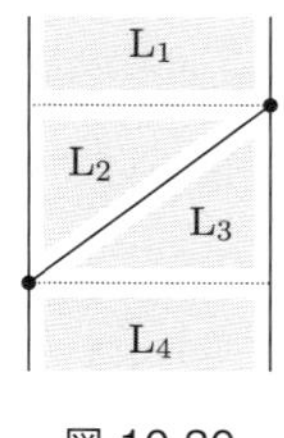

図 10.30

L_1 の部分にあるときは，三角形の形が図 10.31 のようになります。これは 171 ページの分類 (2) の形です。同様に，L_4 の部分にあるときも (2) の形です。L_2 の部分にあるときは，三角形の形が図 10.32 のようになります。これは 171 ページの分類 (3) の形です。L_3 の部分にあるときも同様です。

以上より，格子三角形をはさむ 2 本の直線が図 10.26 (i) のように接するとき，格子三角形は 171 ページの分類のいずれかの形であると言えます。

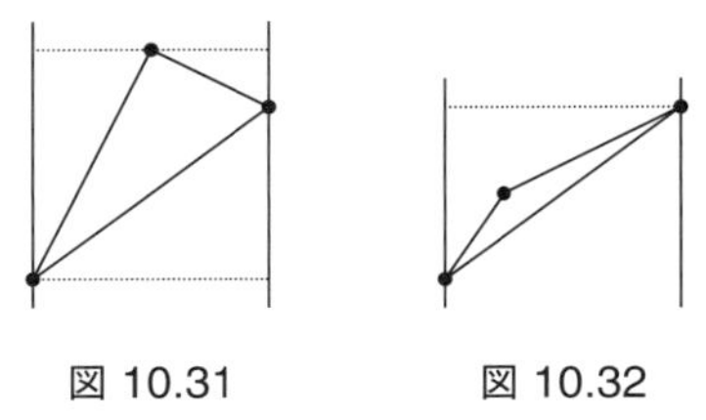
図 10.31　　図 10.32

2本の直線が図 10.26 (ii) のように接する場合についても，直線上にある2つの頂点を通る x 軸方向の線分を引いて，直線の間の部分を図 10.33 のように4つに分けて考えれば，格子三角形は 171 ページの分類のいずれかの形であることがわかります。

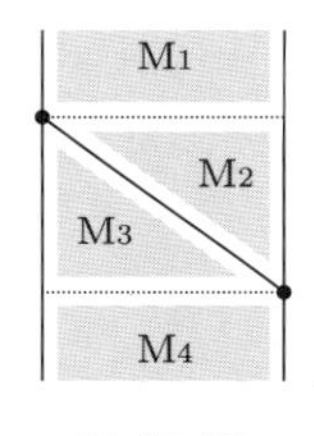

図 10.33

以上の議論で，どんな格子三角形も 171 ページの分類のいずれかの形であることが証明できました。これらの形については面積とピック数が等しいのですから，ここまでの考察で次の結果が得られたことになります。

> **命題**　格子三角形について，前章の予想は正しい。つまり，格子三角形の辺の上にある格子点（頂点を含む）の個数を x とし，内部にある格子点の個数を y とすると，その面積 S は
>
> $$S = \frac{x}{2} + y - 1$$
>
> と表される。

10.3　一般の格子多角形についての証明

前節では，格子三角形の場合に面積とピック数が等しいことを証明しました。さて，私たちのもともとの目標は，これをすべての格子多角形について証明することです。そこで，格子四角形に対しても前節のような議論をするのなら，まず格子四角形の形を分類し，それぞれの場合に面積とピック数を計算して証明することになるでしょう。しかし，仮にその証明を完成させたとしても，次は格子五角形の場合に証明しなければならず，さらに格子六角形，格子七角形，$\cdots$ と議論を進めなければなりません。格子多角形の頂点の個数は無限に大きくなりますから，このように 1 つずつ考えても，すべての格子多角形について正しいことは絶対に証明できません。

では，どうすればよいでしょうか。このような場合に使えるのが，第 6 章で説明した数学的帰納法です。いま，3 以上の整数 n について次の命題を考えます。

$P(n)$: すべての格子 n 角形について面積とピック数は等しい。

私たちが証明したいのは，3 以上のすべての整数 n について $P(n)$ が真であることです。これはまさしく数学的帰納法が使える状況です。

第 6 章では，基本的な数学的帰納法のほかに，その強力なバージョンである累積帰納法についても説明しました（6.3 節）。ここでは累積帰納法を使いましょう。いまの状況で証明すべきことは次の 2 つです。

(1) $P(3)$ は真である。

(2)「$P(3), P(4), \ldots, P(k)$ のすべてが真であれば，$P(k+1)$ も真である」ということが，すべての 3 以上の整数 k について正しい。

このうち，(1) の命題は前節ですでに証明できています。そこで以下では，(2) の命題を証明します。

k は 3 以上の整数であるとします。命題 $P(k+1)$ は「すべての格子 $(k+1)$ 角形について面積とピック数は等しい」です。そこで，勝手に格子 $(k+1)$ 角形を 1 つ取って，L と名付けます。帰納法の仮定「$P(3), P(4), \ldots, P(k)$ はすべて真である」を使って，L の面積とピック数は等しいことを証明するのが目標です。では，どうすれば帰納法の仮定を使えるでしょうか。少し考えてみてください。

帰納法の仮定を使うためには，格子 $(k+1)$ 角形 L から，何らかの方法で格子三角形，格子四角形，$\cdots$，格子 k 角形のいずれかをつくり出さなければなりません。いろいろな可能性があるでしょうが，ここでは L を対角線で分割してみます。

L の対角線を 1 つ取って，その端点を P と Q とします。2 点 P と Q は多角形 L の頂点であることに注意してください。対角線 PQ によって L は 2 つの多角形に分かれます。これらを $\mathrm{L}_1, \mathrm{L}_2$ とします（図 10.34）。

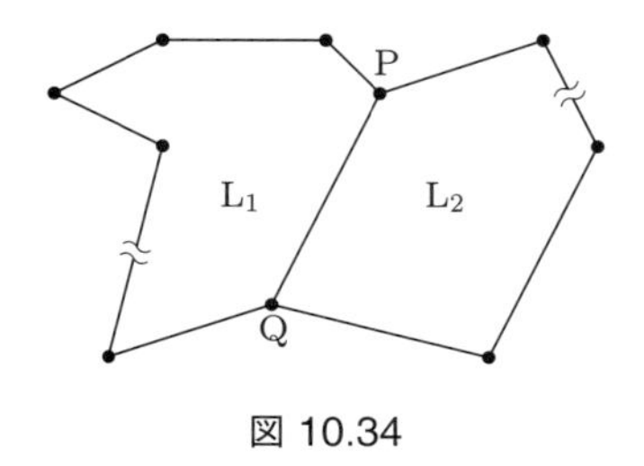

図 10.34

このとき，$\mathrm{L}_1, \mathrm{L}_2$ の頂点の個数は，3 以上 k 以下です。よって，帰納法の仮定から，$\mathrm{L}_1, \mathrm{L}_2$ の面積とピック数は等しいです。この条件を，式を使って書き下しましょう。

図 10.35 を見てください。多角形 L_1 と L_2 の面積をそれぞれ S_1, S_2 とします。多角形 L_1 の辺から線分 PQ を除いた部分にある格子点の個数を x_1 とします。同様に，多角形 L_2 の辺から線分 PQ を除いた部分にある格子点の個数を x_2 とします。多角形 L_1, L_2 の内部にある格子点の個数を順に y_1, y_2 とします。最後に，線分 PQ の両端を除いた部分にある格子点の個数を m とします。

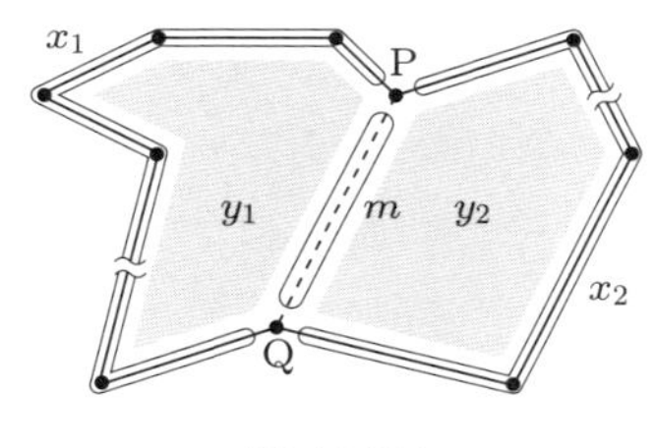

図 10.35

以上の設定のもとで，多角形 L_1 の辺の上にある格子点の個数は $x_1 + m + 2$ です。よって，多角形 L_1 について面積とピック数は等しいことから，

$$S_1 = \frac{1}{2}(x_1 + m + 2) + y_1 - 1$$

です。同様に，多角形 L_2 について同じ条件を書き下すと，

$$S_2 = \frac{1}{2}(x_2 + m + 2) + y_2 - 1$$

です。

これらの条件を使って，多角形 L の面積 S とピック数 P を計算します。まず面積は，多角形 L_1 と L_2 の面積の和に等しいので，

$$(\spadesuit) \qquad S = S_1 + S_2$$
$$= \left\{ \frac{1}{2}(x_1 + m + 2) + y_1 - 1 \right\}$$

$$+\left\{\frac{1}{2}(x_2+m+2)+y_2-1\right\}$$
$$=\frac{1}{2}x_1+\frac{1}{2}x_2+m+y_1+y_2$$

です。次に，ピック数 P を計算します。多角形 L の辺の上にある格子点の個数は x_1+x_2+2 で，内部にある格子点の個数は y_1+y_2+m です。よって，

$$P=\frac{1}{2}(x_1+x_2+2)+(y_1+y_2+m)-1$$

です。この値と (♠) の右辺の値が等しいことは，計算によりわかります。よって，格子 $(k+1)$ 角形 L についても，面積とピック数は等しいです。

以上の議論から，累積帰納法によって，3 以上のすべての整数 n について $P(n)$ は真であること，すなわち，すべての格子多角形について面積とピック数は等しいことが証明できました。これで，前章で予想した公式の証明は終わりです。定理としてはっきり書いておきましょう。

定理　格子多角形の辺の上にある格子点（頂点を含む）の個数を x とし，内部にある格子点の個数を y とするとき，その面積 S は

$$S=\frac{x}{2}+y-1$$

と表される。

まえがきでも述べたように，この定理は 1899 年にオーストリアの数学者ピックによって発表され，現在では**ピックの定理**とよばれています。

11 答えを書く

前章までで，私たちの問題「格子多角形の面積を，その上にある格子点の個数を使って計算せよ」に対する答えの公式と，その証明が得られました。これで問題は解けましたが，最後に自分の答えを他者が理解できるように書き下す作業が残っています。問題のゴールに至る道筋，すなわちピックの定理の証明は，前章でたどりましたので，ここでは3.4節で述べた答えを見直す作業を行いましょう。

11.1 証明を振り返る

前章で述べた証明の大筋を振り返りましょう。

私たちの証明では累積帰納法を使います。3以上の整数 n に対し，

$P(n)$: すべての格子 n 角形について面積とピック数は等しい

という命題 $P(n)$ を考え，次の2つのことを証明しました。

(1) $P(3)$ は真である。
(2)「$P(3), P(4), \ldots, P(k)$ のすべてが真であれば，$P(k+1)$ も真である」ということが，すべての3以上の整数 k について正しい。

(1) の証明では，積み重ね型の場合分けを使いました。最初に，標準長方形と標準直角三角形について面積とピック数が等しいことを証明しておいて，以下の形の格子三角形についても等しいことを

順に証明しました。

- x 軸方向または y 軸方向の辺をもつ形
- 標準長方形の 3 つの角を標準直角三角形で切り取った形（タイプ A）
- 標準直角三角形の内部の 1 点と斜辺の両端を頂点とする形（タイプ B）

そして，(2) の証明では，格子 $(k+1)$ 角形を対角線で 2 つの格子多角形に分割し，分割してできた多角形について面積とピック数が等しいこと（帰納法の仮定）を使って，全体の格子 $(k+1)$ 角形についても等しいことを証明しました。これでピックの定理の証明は終わりです。

さて，3.4 節で述べたように，答えを見直すときのポイントは，次の 2 つです。

- 当たり前に思えることもきちんと考え直す。
- 議論をなるべく簡潔にする。

では，私たちの証明に検討すべきことはあるでしょうか。上の 2 つのポイントを意識して考えてみてください。

11.2 当たり前に思えることもきちんと考え直す

まず，「これは当たり前だ」として使ったことはないでしょうか。証明の大部分は具体的な計算ですので，考え直すべきことはないように見えますが，累積帰納法の (2) のステップで使った「多角形には対角線が必ず存在する」という事実は，きちんと証明しておきたいと思います。勝手に取ってきた格子 $(k+1)$ 角形に対角線が存在しないことがあり得るのなら，議論が破綻してしまうからです。

この「対角線が存在する」のように，何かが存在することを主張する命題を**存在命題**と言います[1]。存在命題を証明する方法には，大きく分けて次の 2 つがあります。

(1) どのようにすればそれがつくれるかを述べる。

(2) それが存在しないと仮定して矛盾を導き出す背理法を使う。

このうち (2) はかなり高度な方法で，主に使われるのは (1) の方法です。そこで，対角線が存在することを，実際に対角線をつくる方法を述べることで証明しましょう。

きちんと証明するためには，多角形と対角線の正確な定義が必要ですので，ここで説明します。

まず，多角形の定義です。同じ平面上にある相異なる点 $A_1, A_2, \ldots, A_r$ について線分 A_1A_2, A_2A_3, A_3A_4, ..., $A_{r-1}A_r$ および A_rA_1 を取ります。この線分たちを A_1 からたどると，$A_2, \ldots, A_r$ と進み，A_1 に戻ってくる折れ線ができます。このとき，点 $A_1, A_2, \ldots, A_r$ をこの折れ線の頂点とよび，線分 A_1A_2, A_2A_3, ..., $A_{r-1}A_r$, A_rA_1 を辺とよびます。以上のようにしてできる折れ線について，次の 2 つの条件が満たされるとき，この折れ線を**多角形**とよびます。

(1) 隣りあう辺が共通の頂点をもつ以外に，どの 2 つの辺も共通点をもたない。

(2) 連続する 3 つの頂点は同一直線上にない。

---

[1] 存在命題に対して，「すべての△△△について×××が成り立つ」という形の命題を**全称命題**といいます。たとえば，ピックの定理は「すべての格子多角形について面積とピック数が等しい」という命題ですから，全称命題です。

たとえば，図 11.1 の折れ線は条件 (1) を満たしていません。辺 A_4A_5 および辺 A_5A_6 は，辺 A_7A_8 と交わっていますが，これらの交点は「隣りあう辺が共通の頂点をもつ」以外の共通点です。さらに，辺 A_2A_3 と辺 A_8A_1 は点 A_3 を共有していますが，これも「隣りあう辺が共通の頂点をもつ」以外の共通点です。

また，図 11.2 の折れ線は条件 (2) を満たしていません。連続する 3 つの頂点 A_5, A_6, A_1 が同一直線上にあるからです。

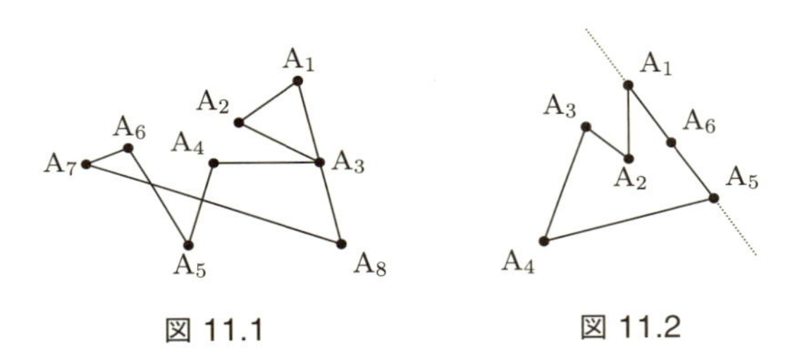

図 11.1　　図 11.2

以上のように，多角形とは正確には折れ線そのもののことです。しかし，通常はこの折れ線で囲まれた有限の部分を「多角形」とよびます[2)]。本書でもこの意味で多角形という言葉を使ってきましたので，以下でもそのようにします。すなわち，多角形とは先ほどの 2 つの条件を満たす折れ線で囲まれた部分のことです[3)]。

次に，対角線の定義です。多角形の**対角線**とは，多角形の頂点を両端とする線分で，両端以外の部分が多角形の内部に含まれるものです。たとえば，図 11.3 において，線分 BD は四角形 ABCD の対角線ですが，線分 AC は対角線ではありません。両端の点 A と C を除いた部分が四角形の内部に含まれないからです。

---

2) たとえば，「三角形」という言葉が 3 つの辺を合わせた折れ線を意味するのであれば，「三角形の面積」は「折れ線の面積」なので，どんな三角形の面積もゼロになります。通常，「三角形の面積」と言うときの「三角形」は，3 つの辺で囲まれた部分のことを意味しているのです。

3) このような折れ線によって，全体の平面が内側と外側の 2 つの部分に分かれることについては，数学的な証明があります（ジョルダン (Jordan) の曲線定理の特別な場合）。

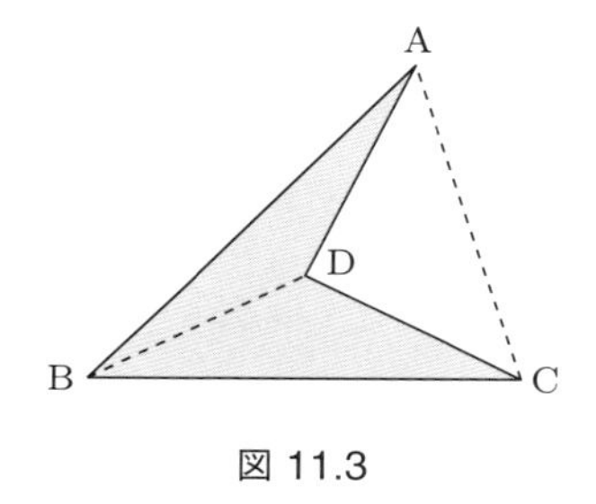

図 11.3

では，多角形には対角線が必ず存在することを証明しましょう。平面上にある多角形を勝手に 1 つ取って，L と名付けます。多角形 L から遠く離れたところに直線を引きます。そして，この直線を L に向かって平行に動かし，接したところで止めます（図 11.4）。直線と多角形が接するときには，図 11.4 のように頂点もしくは辺で接しますが，いずれにせよ多角形の辺が直線を横断することはなく，直線上に多角形の頂点がいくつか乗ったところで止まります。そのうちの 1 つを選んで A とします。そして，A の両隣の頂点を B, C とします。このとき，頂点 B と C，そして多角形は直線に関して同じ側にあります。

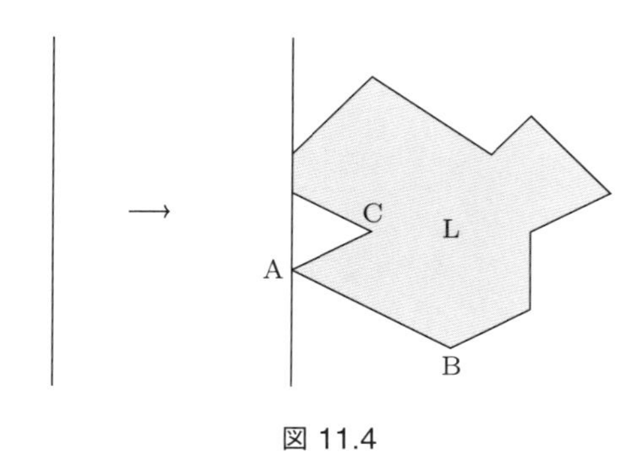

図 11.4

次に，B と C を通る直線を ℓ とします。そして，点 A を通り ℓ と平行な直線 ℓ' を取り，直線 ℓ' を ℓ に向かって平行に動かします。

このとき，ℓ' と辺 AB の交点を B′ とし，辺 AC との交点を C′ とします（図 11.5）。ℓ' が ℓ に向かって平行移動していくと，線分 B′C′ は少しずつ長くなりながら，線分 BC に近づいていきます。

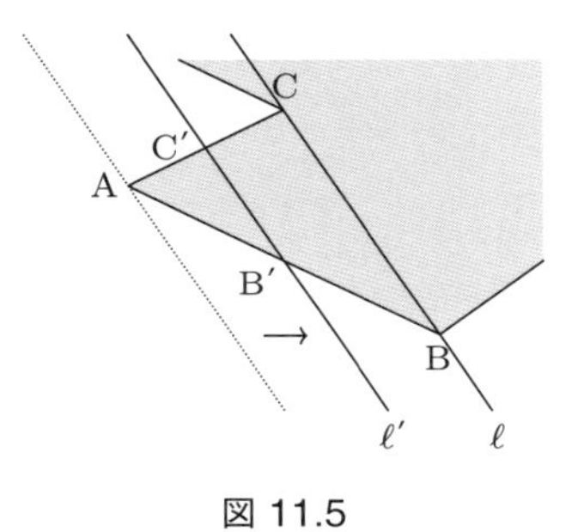

図 11.5

もし，線分 B′C′ が，多角形 L の辺や頂点にぶつからずに線分 BC に到達し，かつ，線分 BC も両端を除いて L の辺や頂点と共通点をもたなければ，線分 BC は L の対角線です。よって，L には対角線が存在します。

そこで，線分 BC に到達するまでに，多角形 L の辺や頂点にぶつかる場合を考えます。この場合には，直線 ℓ' を頂点 A から動かしていき，線分 B′C′ が L の辺や頂点と初めてぶつかったところで

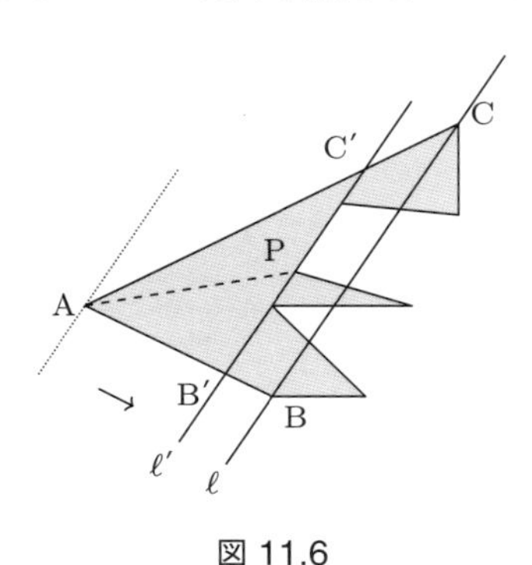

図 11.6

止めます（図 11.6）。このとき，線分 B′C′ の上に L の頂点が 1 つ以上乗っています。このなかから 1 つ選んで P と名付けます。すると，線分 AP の両端以外は，線分 B′C′ がぶつかるまでに通過した部分にあるので，多角形 L の内部に含まれます。よって，線分 AP は多角形 L の対角線です。したがって，多角形 L は対角線をもちます。以上の議論から，多角形には対角線が必ず存在します。

11.3　議論を簡潔にする

次に，議論をなるべく簡潔にすることを考えましょう。証明のあらすじを見直して気になるのは，一般の格子三角形の場合の証明です。この証明では，辺や内部にある格子点の個数をたくさんの文字で表して，面積とピック数を計算しました。この計算は難しくありませんが，ほぼ同じことの繰り返しで，やや手間がかかります。

このようなときは，「ほぼ同じこと」の内容をきちんと言葉にしてみると，議論を簡潔にするヒントが得られます。一般の格子三角形の場合の証明では，標準直角三角形をくっつけたり，標準長方形から切り取ったりして，面積とピック数を計算しました。そして，標準長方形と標準直角三角形についてはピックの定理が成り立つことを利用して，一般の格子三角形についても成り立つことを証明したのです。そこで，格子多角形をくっつけたり切り取ったりしたときに，面積とピック数がどうなるのか，一般的に考えてみましょう。

いま，座標平面上の折れ線であって，折れ曲がる点がすべて格子点であるものを，**格子折れ線**とよぶことにします（図 11.7）。ただし，両端が格子点である線分（曲がっていない線）も，格子折れ線であるとします。また，折れ曲がる点以外の部分に格子点が乗っていてもかまいません。このとき，累積帰納法の (2) のステップでの証明を少し一般化すると，次のことがわかります。

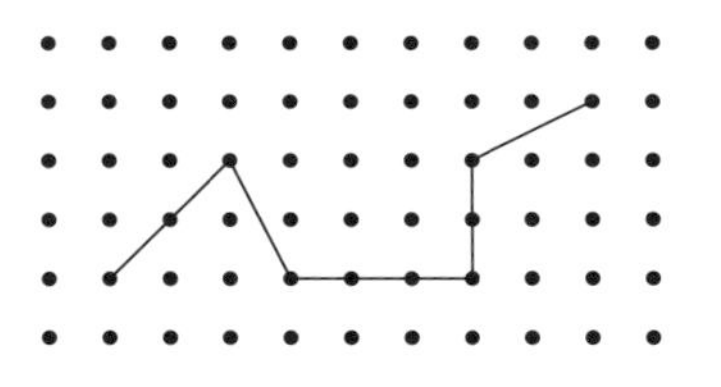

図 11.7　格子折れ線

命題　格子多角形 L の辺の上に異なる 2 つの格子点 A と B があり，多角形 L の内部を通り A と B を端点とする格子折れ線によって，多角形 L は 2 つの格子多角形 L_1 と L_2 に分かれるとする（図 11.8）。このとき，多角形 L, L_1, L_2 の面積を順に S, S_1, S_2 とし，ピック数を P, P_1, P_2 とすると

$$S = S_1 + S_2, \qquad P = P_1 + P_2$$

である。

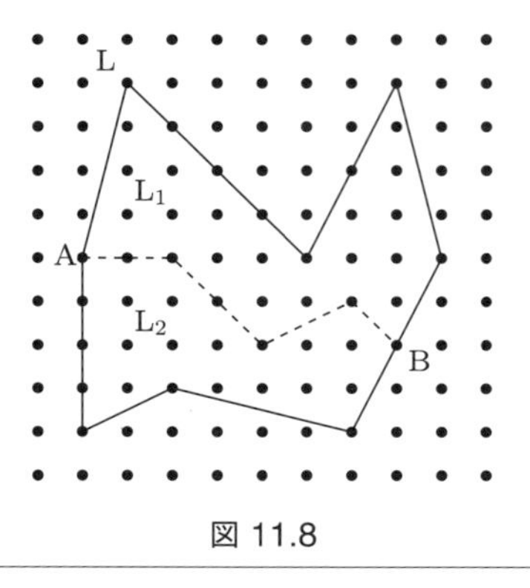

図 11.8

この命題を証明します。まず，面積について $S = S_1 + S_2$ が成り立つことは，多角形 L が L_1 と L_2 を合わせたものであることからわかります。次に，ピック数を考えるために，格子折れ線 AB の

両端以外の部分にある格子点の個数を m とします。多角形 L_1 および L_2 の辺について，折れ線 AB（両端を含む）を除いた部分にある格子点の個数を，それぞれ x_1, x_2 とします。最後に，多角形 $\mathrm{L}_1, \mathrm{L}_2$ の内部にある格子点の個数を y_1, y_2 とします。このとき，

$$
\begin{aligned}
P_1 &= \frac{1}{2}(x_1 + m + 2) + y_1 - 1, \\
P_2 &= \frac{1}{2}(x_2 + m + 2) + y_2 - 1, \\
P &= \frac{1}{2}(x_1 + x_2 + 2) + (y_1 + y_2 + m) - 1
\end{aligned}
$$

となります。これらの式から，$P = P_1 + P_2$ であることが計算によりわかります。以上で，命題の 2 つの等式が証明されました。

上の命題から，ピックの定理を証明するのに役立つ 2 つの性質が導かれます。記述を簡潔にするために，以下では「面積とピック数が等しい格子多角形」のことを**ピック型**の多角形とよぶことにします。

〈1〉 ピック型の多角形をいくつかの辺でくっつけてできる格子多角形はピック型である。

〈2〉 ピック型の多角形から格子折れ線によってピック型の多角形を切り取ってできる格子多角形はピック型である。

図 11.8 の格子多角形 $\mathrm{L}, \mathrm{L}_1, \mathrm{L}_2$ を使って，これらのことを説明します。上の命題より，等式 $S = S_1 + S_2$, $P = P_1 + P_2$ が成り立つことに注意してください。

まず，性質 〈1〉 です。格子多角形 L は，格子多角形 L_1 と L_2 を破線で描かれた辺でくっつけてできる格子多角形です。いま，L_1 と L_2 がピック型であるとします。このとき，$S_1 = P_1, S_2 = P_2$ です。よって，

$$S = S_1 + S_2 = P_1 + P_2 = P$$

です。したがって，多角形 L もピック型です。

次に，性質 $\langle 2 \rangle$ です。格子多角形 L_2 は，格子多角形 L から，格子折れ線 AB によって，格子多角形 L_1 を切り取ったものです。いま，L と L_1 はピック型であるとします。このとき，$S = P, S_1 = P_1$ です。よって，格子多角形 L_2 について

$$S_2 = S - S_1 = P - P_1 = P_2$$

が成り立ちます。したがって，多角形 L_2 もピック型です。

以上のことを使えば，すべての格子多角形がピック型であることを次々に証明できます。ここからは一気呵成にいきましょう。

①標準長方形がピック型であること

このことは，152〜155 ページのように計算すればわかります。以下の証明で，面積とピック数を具体的に計算する必要があるのは，この場合だけです。あとは 188 ページの命題と性質 $\langle 1 \rangle, \langle 2 \rangle$ を繰り返し使って議論を進めていきます。標準長方形がピック型であることは，ここから先のすべての議論を支える土台となります。

②標準直角三角形がピック型であること

辺 AB が y 軸方向で，辺 BC が x 軸方向である標準直角三角形 ABC を考えます。この三角形の面積を S とし，ピック数を P とします。いま，四角形 ABCD が標準長方形となるように点 D をとります（図 11.9）。このとき，三角形 CDA は，三角形 ABC を辺 CA の中点を中心に 180° 回転させたものですから，面積とピック数は三角形 ABC と等しいです。一方で，長方形 ABCD は三角形 ABC

と CDA を辺 CA でくっつけたものです。したがって，188 ページの命題より，長方形 ABCD の面積は $S+S=2S$ であり，ピック数は $P+P=2P$ です。長方形 ABCD は標準長方形なので，①よりピック型です。よって，$2S=2P$ が成り立ちます。したがって $S=P$ であるので，標準直角三角形 ABC はピック型です。

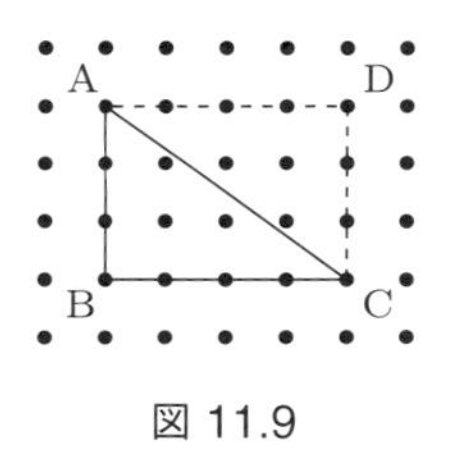

図 11.9

③x 軸方向または y 軸方向の辺をもつ格子三角形がピック型であること

格子三角形 ABC は，x 軸方向の辺 BC をもつとします。三角形 ABC が標準直角三角形であるならば，②で証明したようにピック型です。そこで，標準直角三角形でない場合を考えます。このとき，頂点 A から直線 BC に下ろした垂線の足 H は，辺 BC の両端を除いた部分にあるか（図 11.10），辺 BC を延長した外側にあるか（図 11.11）のいずれかです。前者の場合は，格子三角形 ABC は標準直角三角形 ABH と ACH を辺 AH でくっつけた形をしています。標準直角三角形はピック型ですから，性質 $\langle 1 \rangle$ より三角形 ABC も

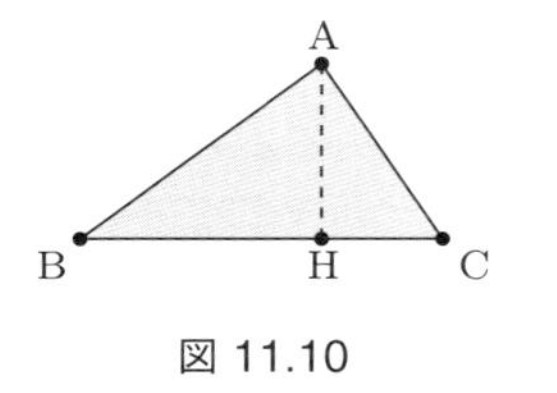

図 11.10

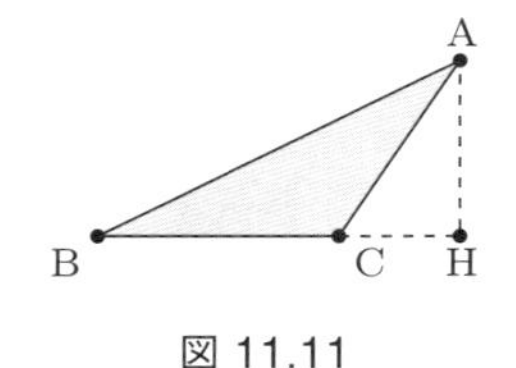

図 11.11

ピック型です。また，後者の場合は，格子三角形 ABC は標準直角三角形 ABH から標準直角三角形 ACH を格子折れ線（この場合は線分）AC で切り取った形です。よって，性質 ⟨2⟩ より三角形 ABC はピック型です。

y 軸方向の辺をもつ格子三角形については，165〜166 ページで述べたように，いずれかの頂点で 90° 回転させると，x 軸方向の辺をもつ場合に帰着します。

④タイプ A の格子三角形がピック型であること

格子三角形 ABC は，図 11.12 のように，標準長方形 ADEF から 3 つの標準直角三角形 ADB, BEC, CFA を除いた形であるとします。

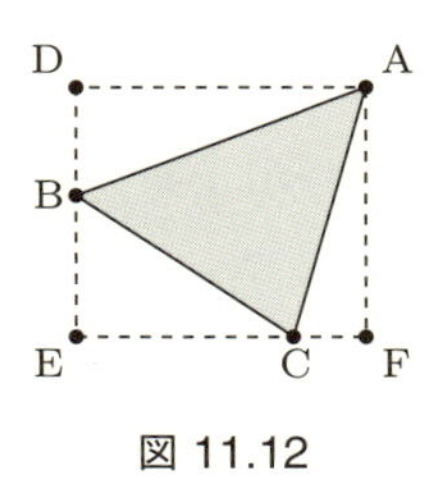

図 11.12

まず，四角形 ABEF は，標準長方形 ADEF から標準直角三角形 ADB を格子折れ線 AB で切り取った形です。①，②より標準長方形と標準直角三角形はピック型ですから，性質 ⟨2⟩ より四角形 ABEF もピック型です。続いて，この四角形から標準直角三角形 BEC を格子折れ線 BC で切り取ってできる四角形 ABCF も，性質 ⟨2⟩ よりピック型です。最後に，この四角形 ABCF から標準直角三角形 CFA を格子折れ線 CA で切り取ってできる格子多角形も，性質 ⟨2⟩ よりピック型となりますが，この格子多角形は三角形 ABC にほかなりません。したがって，格子三角形 ABC はピック型です。

⑤タイプBの格子三角形がピック型であること

タイプBの格子三角形は，図11.13の三角形ABCのように，標準直角三角形から，x 軸もしくは y 軸に平行な辺をもつ2つの格子三角形を除いてできる形をしています。

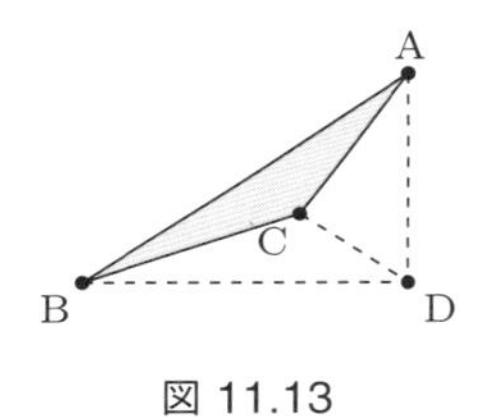

図 11.13

図11.13において，②，③の結果から，三角形ABD, ACD, BCDはすべてピック型です。ピック型の三角形ABDから，ピック型の三角形ACD, BCDを格子折れ線で順に切り取れば三角形ABCができるので，性質 $\langle 2 \rangle$ より三角形ABCもピック型です。

⑥すべての格子多角形がピック型であること

3以上のすべての整数 n について，すべての格子 n 角形はピック型であることを，累積帰納法で証明します。ここまでの議論から，$n=3$ の場合は正しいです。k を3以上の整数として，m が3以上 k 以下のときに，すべての格子 m 角形はピック型であるとします（帰納法の仮定）。格子 $(k+1)$ 角形Lを1つ取ります。前節で証明したように，Lには必ず対角線があるので，Lの対角線を1つとって，その両端にある頂点をP, Qとします（図11.14）。このとき，多角形Lは線分PQによって，2つの格子多角形 $\mathrm{L}_1, \mathrm{L}_2$ に分かれます。帰納法の仮定より，L_1 と L_2 はピック型です。多角形Lはこの2つの多角形を辺PQでくっつけたものですから，性質 $\langle 1 \rangle$ よりLもピック型です。以上より，どんな格子 $(k+1)$ 角形もピック型です。したがって，3以上のすべての整数 n について，すべて

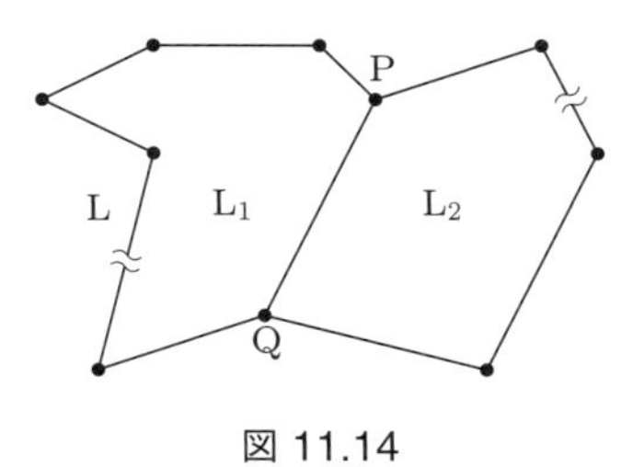

図 11.14

の格子 n 角形はピック型です。

以上でピックの定理の証明は終わりです。前節までの証明に比べると，計算の量が減って，かなり簡潔になっています。この新しい証明では，188 ページの命題を活用しました。この命題では，2 つの格子多角形をいくつかの辺でくっつけてできる格子多角形について，等式 $S = S_1 + S_2$ および $P = P_1 + P_2$ が成り立つことを述べています。これらの性質を面積およびピック数の加法性とよびます。面積が加法性をもつのは当たり前のことですが，ピック数が同じ加法性をもつのはそれほど当たり前ではないでしょう。

新しい証明を振り返ると，ピックの定理の本質は次の 2 つの幾何学的な性質にあることがわかります。

- 標準長方形の面積とピック数は等しい。
- 格子多角形の面積とピック数は同じ加法性をもつ。

私たちは，前節の少しまわりくどい証明を経て，この本質にたどり着きました。このように，数学的な現象の本質を見抜くことができたとき，数学の研究の深い喜びが得られるのだと思います。

付録　文字式の使いかた

数学の研究において文字式は欠かせません。問題を解くときにはたいてい文字式の計算が必要となりますし，自分の答えを書くときにも文字を上手に使って読み手に伝わるように表現しなければなりません。本書でも文字式をたくさん使うことになりますので，この付録では数学で文字式を使う意味を確認したうえで，文字の使いかたについて簡単にまとめておきます。

■ 文字の効用

まず，とても古い数学の問題を通して，数学における文字の役割を見直しましょう。

私たちは，小学校で三角形の面積の公式「(底辺の長さ) × (高さ) × 1/2」を学びます。しかし，実際に面積を計算する状況によっては，この公式では不便なこともあります。たとえば，大きな三角形の土地の面積を計算したいときがそうです。なぜなら，三角形の高さを知るためには，1 つの頂点から対辺に向かって垂線を引き，その長さを測らなければなりませんが，この垂線を実際に地面の上に描くのは簡単ではないからです。

そこで，もっと測りやすいデータを使って面積を計算したいという問題意識が生まれます。三角形の土地であれば，3 辺の長さが測りやすいでしょう。では，三角形の 3 辺の長さがわかっているときに，その面積は計算できるでしょうか。

この問題の歴史は古く，紀元 1 世紀頃のアレクサンドリアの人物，ヘロン (Heron) の著作『測量術』で論じられているそうです。

そのなかで上の問題の答えを述べた部分[1]を引用します。

> 三角形の辺を 7, 8, 9 としよう。7 と 8, 9 を合わせると，24 になる。この半分を取れ。12 になる。7 を取り去れ。残りは 5。もう一度，12 から 8 を取り去れ。残りは 4。さらに 9 では，残りは 3。12 に 5 を掛けよ。60 になる。これに 4 を掛けると，240 になる。これに 3 を掛けると，720 になる。平方根を取れ。これが三角形の面積となるであろう。

ここから三角形の面積を計算する手順をうまく読み取れるでしょうか。

最後に「720 になる。平方根を取れ。これが三角形の面積となるであろう」とあるので，面積は $\sqrt{720}$ だということはわかります。では，この 720 という数はどのように出てきたのでしょう。少し前を読むと，12 に 5, 4, 3 を掛けた値だとわかります。では，これらの 12, 5, 4, 3 は何か。始めに書かれているように，12 は 3 つの辺の長さ 7, 8, 9 を足して 2 で割ったものです。そして，5, 4, 3 はこの 12 から 3 つの辺の長さ 7, 8, 9 をそれぞれ引いた値であることが，「7 を取り去れ。$\cdots$ 残りは 3。」の部分に説明されています。以上がヘロンの計算法ですが，小学校で習った公式「(底辺の長さ) × (高さ) × 1/2」に比べて，かなり複雑なことをしているので，上の説明から計算の手順を読み取るのは大変です。

そこで，ヘロンの計算法を式で書いてみます。ヘロンの計算法では，まず「3 辺の長さの和の半分」を計算しています。そして，この値から 3 つの辺の長さをそれぞれ引いて，3 つの値を出しています。最後に，この 3 つの値と 3 辺の長さの和の半分を掛けて，平方根を取ります。以上の手順を式で書くと，

---

[1] 巻末の参考文献 [9] に掲載されている和訳です。

$$\sqrt{\begin{array}{l}\text{(3辺の和の半分)×(3辺の和の半分と1つの辺の差)}\\ \text{×(3辺の和の半分と別の辺の差)}\\ \text{×(3辺の和の半分と残りの辺の差)}\end{array}}$$

という感じになるでしょう。しかし，この式はたくさんの言葉を含んでいて，かなり長くなっています。ですから，内容を一目で読み取るのが難しく，覚えるのも簡単ではありません。

この式は，高度に専門的で難しい数学の問題から出てきたのではなく，「三角形の辺の長さから面積を計算する」という単純な問題の答えとして得られたものです。このように数学では，問題が単純であっても答えは複雑になり得ます。ですから，複雑な答えをなるべく簡潔に表現するための工夫が必要なのです。

そこで数学では，a, b, c や x, y などの文字を使います。以下では，ヘロンの計算法を，文字を使って書き直してみましょう。三角形の3つの辺の長さを，a, b, c という文字で表すことにします。ヘロンの計算法のなかでは「3つの辺の長さの和の半分」という量がよく使われるので，この量にも s と名前を付けます。s は a, b, c の和の半分ですから，

$$s = \frac{a+b+c}{2}$$

です。ヘロンの計算法によると，三角形の面積は，この s と，s から a, b, c を引いたものを掛けて，平方根を取れば求められます。s から a, b, c を引いたものはそれぞれ $s-a$, $s-b$, $s-c$ と表されるので，面積は

$$\sqrt{s \times (s-a) \times (s-b) \times (s-c)}$$

となります。中学校で学ぶように，文字式の掛け算では $\times$ の記号を省略しますので，この式は次のように表されることになります。

この公式を現在では**ヘロンの公式**とよびます。

> **ヘロンの公式** 三角形の 3 つの辺の長さを a, b, c とし，$s = (a+b+c)/2$ と定める。このとき，三角形の面積は
> $$\sqrt{s(s-a)(s-b)(s-c)}$$
> である。

この公式は，ヘロンの『測量術』にあったもともとの記述「三角形の辺を 7, 8, 9 としよう。7 と 8, 9 を合わせると ⋯」に比べると，はるかに短くて見やすいでしょう。このように，**文字式を使うと，量の間の複雑な関係をわかりやすく表現できるのです。**

文字を使って書かれた公式があれば，文字に数値を代入することで，個々の具体的な場合における計算ができます。たとえば，3 辺の長さが 5, 7, 10 の三角形の面積は，ヘロンの公式を使って次のように計算できます。3 つの辺の長さを a, b, c と表したのですから，a, b, c にそれぞれ 5, 7, 10 を代入して計算します。このとき，s の値は

$$s = \frac{a+b+c}{2} = \frac{5+7+10}{2} = \frac{22}{2} = 11$$

です。よって，面積は

$$\sqrt{11 \times (11-5) \times (11-7) \times (11-10)}$$

です。ルートの中身をさらに計算すると，

$$11 \times (11-5) \times (11-7) \times (11-10) = 11 \times 6 \times 4 \times 1 = 264$$

となるので，3 辺の長さが 5, 7, 10 の三角形の面積は $\sqrt{264} (= 2\sqrt{66})$ です。

このように，文字を使って書かれた公式は，いかなる場合にも適用できる計算法を表しています。ヘロンの『測量術』では，「3辺の長さが5,7,8」という特定の場合にのみ計算法を述べ，ほかの場合も同じように計算すればよい，という形で説明されていますが，この「同じように」という説明には，どこか曖昧なところが残ります。一方で，文字を使った式を使えば，この「同じように」の内容を具体的かつ明確に記述できます。**個々の具体例を越えてあらゆる場合に通用することを表現できるのが，文字を使うことの利点です。**

しかし，文字を使うことには欠点もあります。それは，**式に現れるそれぞれの文字が何を表すのかを，頭のなかに入れておかなければならない**ことです。たとえばヘロンの公式を使うときには，a, b, c が三角形の3辺の長さであること，そして $s = (a + b + c)/2$ であることを覚えておかないといけません。

この難点を克服するために，文字の選びかたには，ちょっとした作法があります。

■ 文字選びの作法

以下で述べる作法は，絶対に従わなければならないルールではありません。しかし，読み手が理解しやすいように数学の議論を書き下すための工夫ですので，少しは意識しておくのがよいと思います。

まず，違う種類の量を表すときには，アルファベットとギリシャ文字のように，異なる形の文字を使います。たとえば，三角形の辺の長さはアルファベット a, b, c で表し，角度の大きさはギリシャ文字 α, β, γ で表して，違いを明確にすることが多いです。

次に，同じ種類の量を扱うときには，添字を付けた文字で表すことがあります。たとえば，3つの三角形の面積を表すのに，A, B, C ではなく S_1, S_2, S_3 という文字を使います。この右下に付いた $1, 2, 3$ を添字と言います。同じ文字 S を共通して使うことで，これらが同じ種類の量（面積）であることを見やすくし，同時に添字を使って異なる三角形の面積であることを表しているのです。

■ 複数の文字の扱いかた

さて，文字式において複数の文字を使うときには注意すべきことがあります。

ヘロンの公式では，三角形の 3 つの辺の長さが必要でした。このように，複数の量を文字で表すときには，それぞれ違う文字を使います。3 つの辺の長さであれば，a, b, c や x, y, z のように 3 つの文字を使うのです。ただし，違う文字を使っていても，具体的な場面ではそれらの値が等しいことがあります。たとえば，ヘロンの公式を正三角形に使うときは，三角形の 3 つの辺の長さを表す文字 a, b, c には等しい値を代入します。このように，**文字そのものが違っていても，それらが同じ値を取る場合が除外されているわけではない**のです[2)]。

さて，実際に文字式を使うときに重要なのは，いわば上で述べたことの逆です。すなわち，原則として**ひとまとまりの議論のなかで同じ文字は必ず同じ値を取る**ことです。次の例題を見てください。

例題　偶数と奇数を足すと，必ず奇数になることを示せ。

偶数 a と奇数 b を勝手に 1 つずつ取ります。このとき，$a+b$ が奇数であることを証明するのが目標です。そのために，「整数 a は偶数で，整数 b は奇数である」ということを文字式を使って表しましょう。偶数とは 2 の倍数のことですから，$2 \times$（整数）の形で表されます。そして，奇数とは 2 の倍数に 1 を足した整数です。よっ

2) もう少し正確には，「同じ種類のものを表す文字については，異なる文字を使っていても等しいことがある」と言うべきでしょう。たとえば，m が整数を表す文字で，ℓ が直線を表す文字であるときは，m と ℓ が等しい場合はおのずから除外されます。

て，「整数 a は偶数で，整数 b は奇数である」ということは，文字式を使って

$$(\dagger)\qquad a = 2m,\quad b = 2m + 1\quad （ただし\ m\ は整数）$$

と表せそうですが，これは間違いです。

先ほど述べたように，同じ文字は必ず同じ値を取ります。よって，$a = 2m$ と $b = 2m + 1$ を並べたときの 2 つの m は等しいので，$b = 2m + 1$ という式の右辺の $2m$ は a と等しくなります。したがって，$b = a + 1$ となり，「b は a に 1 を足したものである」ということを暗に意味してしまうのです。つまり，($\dagger$) という表現は「a は偶数，b は奇数で，$b = a + 1$ である」という意味になり，余計な条件 $b = a + 1$ を含んでしまうのです。

よって，「a は偶数で b は奇数である」ことを表すためには，右辺の文字を変えて

$$(\diamond)\qquad a = 2m,\quad b = 2n + 1\quad （ただし\ m, n\ は整数）$$

と書かなければなりません。これでは先ほどと逆に「$a = b + 1$ である場合が除外されてしまう」と思われるかもしれませんが，先ほど述べたように，異なる文字 m, n を使っていても，m と n の具体的な値が等しい場合は除外されません。よって，($\diamond$) という表現は $a = b + 1$ である場合も含んでいるのです[3)]。

($\diamond$) のように文字式で表すと，$a + b$ が奇数であることは簡単に証明できます。$a = 2m$, $b = 2n + 1$ ですから，$a + b$ は

$$a + b = 2m + 2n + 1 = 2(m + n) + 1$$

と表せて，$m + n$ は整数ですから，$a + b$ は奇数です。以上より，

---

3) もし，m と n が等しい場合を除外したいのであれば，「ただし m, n は異なる整数」と注釈を入れます。

偶数と奇数を足すと，必ず奇数です。

文字式を使って議論を進めるときには,「同じ文字は必ず同じ値を取る」という原則を忘れないでください。

参考文献

[1] 日本数学会 編，岩波 数学辞典 第 4 版，岩波書店，2007.

[2] 彌永昌吉，数の体系（上・下），岩波書店，1972，1978.

[3] G. ポリア（柴垣和三雄・金山靖夫 訳），数学の問題の発見的解き方 新装版（全 2 巻），みすず書房，2017.

[4] G. ポリア（柿内賢信 訳），いかにして問題をとくか，丸善出版，1975.

[5] 川添愛 著，花松あゆみ 絵，働きたくないイタチと言葉がわかるロボット，朝日出版社，2017.

[6] J. H. コンウェイ，R. K. ガイ（根上生也 訳），数の本，丸善出版，2012.

[7] サイモン・シン（青木薫 訳），フェルマーの最終定理，新潮社，2006.

[8] 秋山仁，発見的教授法による数学シリーズ 1　数学の証明のしかた，森北出版，2014.

[9] ヴィクター J. カッツ（上野健爾・三浦伸夫 監訳），カッツ 数学の歴史，共立出版，2005.

[10] 遠山啓，数学入門（上・下），岩波書店，1959，1960.

[11] 新井紀子，数学は言葉，東京図書，2009.

[12] 竹山美宏，日常に生かす数学的思考法，化学同人，2011.

[13] 嘉田勝，論理と集合から始める数学の基礎，日本評論社，2008.

[14] 清宮俊雄，モノグラフ 幾何学—発見的研究法—改訂版，フォーラム・A，1988.

[15] 日比孝之，証明の探求 増補版，大阪大学出版会，2016.

[16] M. ベック，S. ロビンス（岡本吉央 訳），離散体積計算による組合せ数学入門，丸善出版，2010.

[17] 枡田幹也，福川由貴子，格子からみえる数学，日本評論社，2013.

[1] から [9] は，本文で言及した文献です。ポリアの著書 [3, 4] は，数学の問題解決を論じた本として有名なものです。2.2 節で挙げたようなアイデアを得る方法について，さらに詳しく学びたい場合は文献 [8] のシリーズを参照してください。数学の問題を解くための考えかたが，たくさんの練習問題とともに説明されています。

本書の付録に述べた文字の使いかたなど，学校の授業ではあまり扱われないことも含めて，数学を最初から学びたい方には文献 [10] を一読されることを薦めます。

数学で使われる論理を扱った入門書として，文献 [11] を挙げます。少し難しく感じられるようなら，拙著 [12] を読んでみてください。文献 [5] の第 5 章も参考になるでしょう。しっかり勉強したい方には，大学新入生向けの教科書 [13] を薦めます。

高校生向けに数学の研究の進めかた・問題のつくりかたを解説する本としては，文献 [14] が知られています。平面幾何を題材にして，さまざまな考えかたが詳しく述べられています。

文献 [15] では，ピックの定理が本書と少し違う方法で証明されています。いろいろな証明を鑑賞するのは，数学の楽しみの 1 つです。本書では詳しく述べられなかった背理法を使う問題も，たくさん扱われています。

ピックの定理に関連する現代数学の話題については，文献 [16, 17] を参照してください。

索　引

著 者 略 歴

竹山 美宏（たけやま・よしひろ）

2002 年 京都大学大学院理学研究科数学・数理解析専攻 修了
2002 年 京都大学大学院理学研究科 日本学術振興会特別研究員（PD）
2004 年 筑波大学大学院数理物質科学研究科 講師
2011 年 筑波大学数理物質系 准教授
現在に至る
博士（理学）

【著書】
『微積分学入門』（共著，培風館，2008）
『日常に生かす数学的思考法』（化学同人，2011）
『線形代数』（日本評論社，2015）
『ベクトル空間』（日本評論社，2016）

編集担当 福島崇史（森北出版）
編集責任 上村紗帆（森北出版）
組 版 ウルス
印 刷 日本制作センター
製 本 同

定理のつくりかた

2018 年 2 月 26 日 第 1 版第 1 刷発行

著 者 竹山美宏
発 行 者 森北博巳
発 行 所 **森北出版株式会社**
東京都千代田区富士見 1–4–11（〒102–0071）
電話 03–3265–8341 ／ FAX 03–3264–8709
http://www.morikita.co.jp/
日本書籍出版協会・自然科学書協会 会員
JCOPY ＜（社）出版者著作権管理機構 委託出版物＞

落丁・乱丁本はお取替えいたします.

Printed in Japan／ISBN978–4–627–06231–3